FOOD & LIFE IN ENGLAND

TCHEN
ARY

MER &
UMN

s from
November

英格蘭廚房日記

夏盡秋至的生活與料理

秋宓 著／攝影

夏

秋

前言　英格蘭的夏天等你來

當廚房日記從冬天寫到夏天時，花園與廚房的關係越來越密切，新鮮的蔬果從土地到餐桌只有幾步之遙。整個夏季到初秋，我的廚房通向花園的門總是敞開的，烹飪、寫作之餘，我把時間都消磨在這方寸之地。每天早晨的第一件事就是巡視花草蔬果，看看哪棵開了花，哪棵結了果，或是採摘成熟的果實。一天這樣開始，充滿了期待和小確幸。

翻看夏秋的日記，結論是：英格蘭的冬天有多難熬，夏天就有多迷人。這裡的夏天不像蘇格蘭的那麼清冷，也不像威爾斯的那麼多變。英格蘭的夏天是溫和柔軟的，空氣中有果子和花粉混合的植物荷爾蒙氣息，呼吸著這樣的空氣，人就有了曖昧、懶散的情緒。一杯冰鎮白葡萄酒，一本吉辛（George Gissing）的《四季隨筆》，就是慵懶午後的最佳伴侶。一不小心遁入夢鄉，跌進了愛麗絲的瘋狂茶會裡，時間永遠停留在下午茶時分，頗合我意。當意識回歸，在半夢半醒之間，透過沉重的眼皮看出去，是一片明亮的橘紅色，太陽還在閃耀。於是，發現時間的停頓不是夢中才有的事情，這當然不是因為時間不和我們做朋友，為了懲罰我們，才故意把時鐘停在下午 6 點，而是因為英格蘭夏天的太陽到夜晚 10 點才下山。這拉長的白

天，像是白白增加了時間，彷彿又回到小時候漫長的暑假，又或者像是乘坐國際航班跨越時差而白得了幾個小時，令人竊喜。這樣發一會呆，打一個盹，難得能再如小孩子一般慷慨地對待時間。

雖然，在「炸魚薯條」的顯赫名聲的籠罩下，英國料理常被揶揄是「原味料理」，但如果你說英國人在烹飪上沒什麼靈氣，我不能苟同。可愛多變的「麵包牛油布甸」和讓人心醉神迷的「檸檬撻」就是英式料理富有靈氣和創意的最好證明。

然而，就烹飪而言，與英國僅相隔一條英吉利海峽的法國似乎更富有盛名。於是，「夏秋卷」給了法式烹飪較大的篇幅。茱莉亞・查爾德（Julia Child）曾經說過：「如果你不敢用牛油，就用鮮奶油」。於是，我乖乖地遵從她的建議，用大塊牛油煎雞，效果果然不俗。受法國米芝蓮三星主廚 Alain Passard「蔬菜盛典」的啟發，我嘗試了「炸釀翠玉瓜花」。在自己的餐桌上享用了法國大餐，讓法國菜不再是遙遠而昂貴的「詩與遠方」。

當然，在「中國胃」的驅使下，我還炸了油條，燒了鴨子，做了太陽餅，煮了打滷麵，烙了牛肉餡餅等等。如此這般，夏秋季的種種亞洲美食也毫不遜色於西式料理。

烹飪技術平平的英國人，卻擁有超群的園藝技能，超級園藝師們創造了許多個性十足的美麗花園。我家附近有個公園，是我常常跑步的地方。越過青草地，有一圈紅色的圍牆，牆下的花

夏季的公園。

圃裡種滿了各式的花朵，左邊有一個小鐵柵欄門，半開著，入內，發現竟是另一番天地。淡黃色的金香玉玫瑰高挑地立在門口，像裊裊娜娜的小美娘笑盈盈地牽我入門。紅磚牆爬滿了淡粉色和白色相間的小朵玫瑰，牆下有紫色的薰衣草、橙紅的鬱金香，和不知名的藍色小花。中間兩個大花圃高低錯落地種滿了各色玫瑰，有的大如手掌，像小孩子的大臉盤，迎著太陽笑；有的花朵密集，你擠我，我擠你地鬧成一團。

坐在玫瑰園的長椅上，我放下筆，合上日記本，眯起眼睛看著陽光下的玫瑰，蜜蜂哼著沒完沒了的「嗡嗡」歌，空氣是淺甜

的，像加了冰的白蘭地，不知不覺地醉倒了人。忽然想起公園的造園人，那些能幹的園丁吃著「炸魚薯條」，創意滿滿，渾身是勁地造出了如此美妙的花園，難道不是「原汁原味」風格的英格蘭本土美食滋養的功勞嗎？

夏盡秋至，《英格蘭廚房日記》也接近尾聲了。感謝這本日記讓我盡情地享受烹飪、園藝和寫作的樂趣。拜這本日記所賜，我的攝影技術也有所提高，耐心和耐力也經受住了無數次的考驗。

記得有一次，為了拍攝食物圖片，辛辛苦苦地用心製作料理，當我從焗爐中取出食物時，剛剛讚歎其賣相絕佳，就失手把整盤食物倒扣了在地上，氣惱沮喪之餘，不得不打起精神再重頭來過。用三腳架自拍時，不厭其煩地拍攝數十張，只為拍到一張滿意的照片。創作中的酸甜苦辣，攝影過程中讓人啼笑皆非的小事故，如今回想起來都讓人莞爾，是熱愛與好奇激勵著我不斷地做下去，寫下去，拍下去。

如果你看了我的日記，對英國有些許憧憬，對烹飪有一點衝動，我們就是朋友了。在英格蘭的夏天，我等你來。來過一個超長的白天，在午後的艷陽裡，迷失在開滿鮮花的玫瑰園小徑上。

秋宓

2021 年 2 月 28 日

夏 SUMMER

8月 AUGUST

秋 AUTUMN

11 月 NOVEMBER

JUN

古代羅馬日曆上，6月是10個月中的第四個月。6月的英文（June）來自羅馬神話中朱諾天后（Juno）的名字。朱諾代表女性、婚姻和母性，集美貌、溫柔、慈愛於一身，是完美的女性典範。也有學者認為，「June」來自羅馬共和國的建立者盧修斯·尤尼烏斯·布魯圖斯（Lucius Junius Brutus）的名字。

6月是夏季的第一個月，是英國一年中最美的季節。英國的諺語說得好：「4月雨帶來5月花」（April showers bring May flowers），「6月的婚禮預示著幸福快樂的新郎新娘」（Marry in June, good to the man and happy to the maid.）。6月是最適合結婚的季節，6月新娘由此而來。

英國的6月溫暖潮濕，是農作物生長旺盛的季節。一踏入6月，雨水馬上多了起來，風也颳起來了。花草和農作物接受了雨露的滋潤、風的撫摸，一夜之間就長大了好多。這又應驗了「6月的雨即是福」（A dripping June keeps all in tune）的古老諺語。

6月1日：國際兒童節 / 6月24日：仲夏節

糖酥餅

6 月 1 日

晴　25°C

6 月 1 日是兒童節，童年是黎明海面的那一抹金光，閃亮而歡
快，蘊藏著無限的能量，昭示著一輪紅日即將躍出海面。童年
對於孩子來說，是漫長的，然而驀然回首，方知歲月匆匆。
爸爸送給我的那幅書法上寫著撒母耳・厄爾曼的《青春》中的
句子：「青春不是年華，而是心境；青春不是桃面、丹唇、柔
膝，而是深沉的意志、恢宏的想像、炙熱的感情……」當年爸
爸寫這幅字的時候已年近七旬，想必是在對青春的留戀和感慨
之下揮毫落紙，送給還在青春歲月的我。

童年、青春，一閃即逝，芳華已逝，卻收穫了勇氣和智慧，人
將老去也不是一件壞事。日本有個電視節目叫《縱橫日本之
旅》，這個關於踩單車環遊日本的節目有一句口號：「人生，下
坡路最精彩。」踩單車爬坡非常吃力，一旦登上頂峰，就能把
美妙的風景盡收眼底，而借助風力和慣性下坡，則更令人神清
氣爽，妙不可言。岸見一郎在《老去的勇氣》中寫道：「人生也
是如此，年輕時，我們拚命蹬著腳踏板，同時背負了太多的東

西 —— 夢想、目標、野心、焦慮……如今，如果能卸下肩上的重擔，開始享受人生，後半生將會變得完全不同。」

如今再看爸爸送給我的這幅書法，體會字裡行間的奧妙，「無論年屆花甲抑或二八芳齡，心中皆有生命之歡樂，奇跡之誘惑，孩童般天真久盛不衰。」我想，能夠優雅地老去，始終做一個有趣的人，大概就是老去的勇氣吧。

6 月的英國，才真正有了夏天的感覺。連日晴朗高溫，花園的花草嚴重缺水，要早晚澆水才能熬過正午的驕陽。番茄藤上結了許多綠色的迷你番茄。燈籠花開得如癡如醉。那些來自中國的燈籠花特別適合英國的天氣，品種多得數不清。今年新買的一個灌木品種開藍紫色花，花萼呈乳白色，碩大的花骨朵呈尖辣椒形狀，有大半個小手指長。這株花種在藍色大花盆裡，藍紫色的雙瓣大花配向上翻起的白色花萼，周圍滿是乳白色、又長又尖的花骨朵，花盆四周垂吊著開著藍色小花的半邊蓮，呈現出夢幻般的色彩。

羅賓鳥的小寶貝周末出殼了，周六孵出 5 隻，周日孵出第六隻。我這個大小孩正偷窺羅賓一家，剛剛撞到羅賓媽媽站在窩邊向窩裡看，而且站了很久，想必是因小鳥正在破殼呢。家中還有兩個大兒童，不如就做我小時候愛吃的糖酥餅給他們吃。老家有一種小糖酥餅，每次回家我都會買兩斤來吃。這糖酥餅酥脆香甜，是饞嘴小孩的最愛。傳統的中式酥皮點心都是用豬油做的，效果最好；也可以用牛油和植物油。這次我用橄欖油做，也不錯。

烤好的小糖酥餅一碰就掉渣，咬一口滿嘴酥脆香甜，仔細品嚐還有芝麻的香味。若配上綠茶，更相得益彰。

糖酥餅

Crispy Sugar Pie

份量

- 16 個

材料

水油皮：

- 普通麵粉（Plain flour）：300 克
- 鹽：3 克
- 橄欖油：30 克
- 溫水：140 克

油酥：

- 普通麵粉：150 克
- 橄欖油：70 克

餡料：

- 普通麵粉：2 大匙
- 白糖：6 大匙
- 白芝麻：1 大匙

① 水油麵糰和好（即水和麵粉混和），醒麵 10 分鐘，揉成一個光滑的麵糰。在麵糰上掃一層油，蓋保鮮紙，醒麵 40 分鐘。

② 油酥和好，搓成長條，用保鮮紙包裹，放進冰箱冷藏 30 分鐘。

③ 將餡料和好，待用。

④ 用手指輕戳水油麵糰，有一個小坑，慢慢彈回就代表醒好了。把麵糰搓成長條，分成 16 個麵劑（麵劑即做麵食時，從和好的大麵糰上分出來的小塊），搓成圓球，按扁成水油皮。再蓋上保鮮膜讓它鬆弛一下。

⑤ 從冰箱取出油酥，分成 16 份，搓成 16 個小圓球。

⑥ 把水油皮的邊緣捏薄，放入一個油酥球，像包包子一樣收口，但手勢要輕。逐個包好油酥，按照先後順序排好。從最先包好的開始開酥。按扁，用擀麵杖輕輕擀成牛舌狀，摺三摺；再擀成牛舌狀，再摺三摺，輕輕按扁成方形。依次開酥後，取第一個麵皮。用手捏薄邊緣，整理形狀，放入適量的餡料，仔細包好，整理成球形，按扁。

⑦ 焗爐預熱 180℃，焗盤刷上一層油。把餅放進焗盤上，餅皮刷油。烤製 25 分鐘，至金黃色就好了。

紅蘿蔔絲丸子

6月3日

多雲轉小雨　13°C

芍藥花開了，粉嫩的花朵滿是露珠，沉甸甸地在微風中搖曳。
沒有比芍藥花盛開的清晨更美妙的了。柳宗元有一首寫芍藥
的詩，道「凡卉與時謝，妍華麗茲晨。欹紅醉濃露，窈窕留
餘春。」尤其喜歡「欹紅醉濃露」這句，說的就是我的芍藥，
溢滿露珠的花朵像喝了甘醇，微微傾斜，姿態窈窕。芍藥花
期短，但並不嬌氣，美艷絕倫的花朵讓養花人心甘情願地為其
短暫的花季守候一年。凋謝了的芍藥，綠葉會在秋天時逐漸變
紅，又是花園裡的另一道風景。

園子裡還有兩種番茄苗，一種叫「快樂園丁」，另一種叫「倒
掛湯姆」。快樂園丁飆得老高，是蔓生的品種。我在藤蔓架上
垂下幾條細繩，剪掉番茄苗的側枝後，主幹就纏在繩子上，

爬高生長。倒掛湯姆是下垂型的，我把 4 棵分別種在兩個高筒花盆裡。幾棵番茄苗都開了黃色的小花，配翠綠的葉子，煞是好看。最近乾旱，蚜蟲氾濫。去年做了蘋果酵素，取 50 毫升，用水稀釋，裝入噴壺裡，就是天然有效的驅蟲劑。連噴 3 天，蚜蟲已杳無蹤影。

前些日子種下的海棠花球根，現在花苗差不多都出齊了，移植到花圃和吊籃裡，靜待花開。這次種植的倒垂杏黃色海棠，到夏天會開滿吊籃，配上開藍色小花的半邊蓮，是會讓鄰居「哇」出來的花籃。英國的海棠花種類繁多，近年買了多個品種和顏色，這會是一個讓人期待的夏天。

天氣驟涼，炸些紅蘿蔔絲丸子做早餐。不愛吃紅蘿蔔的孩子卻超愛這款素丸子，因為吃不出紅蘿蔔味，卻有蝦味。小時候媽媽經常給我們炸紅蘿蔔絲丸子，放一些蝦皮，炸出來的丸子蝦味濃郁，就像蝦丸子。

住在上海的時候，我家樓下有個早餐檔，每天早上專賣炸蘿蔔絲餅。車水馬龍的馬路邊，有些踩單車路過的上班族，停下車，腿還跨在車上，伸手接過用油紙半包著的蘿蔔絲餅，就邊吃邊趕去上班了。路邊的蘿蔔絲餅用白蘿蔔，炸得特別酥脆，顏色也很誘人，可能是用了豬油來炸，香得很。

油炸蔬菜丸子也是印度人的最愛。印度人可以把各種蔬菜炸成丸子，從馬鈴薯、豆角到綠葉蔬菜，加了麵粉和麵包糠，蘸咖喱或各種甜辣醬，是惹人流口水的街頭美味小吃。

紅蘿蔔絲丸子

Deep Fried Carrot Balls

份量

- 4 人份

材料

- 紅蘿蔔：600 克
- 普通麵粉：200 克
- 雞蛋：2 個
- 泡打粉：1 茶匙
- 蔥：2 根
- 蝦皮：兩大匙
- 白胡椒粉：適量
- 鹽：適量

① 蔥切碎。紅蘿蔔去皮、刨絲，放少許鹽，拌勻，靜置 10 分鐘。放入兩個雞蛋，攪拌均勻，放入其他食材。適當增加或減少麵粉來調節麵糊的稠度。

② 準備油鍋，油要多些，油熱，一邊捏丸子，一邊下鍋。可以帶一次性手套，要注意一鍋不要炸太多丸子，否則油溫會下降。炸到丸子呈金黃色，撈出放置在鐵絲網上。

③ 第一次炸完，從先出鍋的開始炸第二次。炸第二次的目的是使丸子外層更脆，注意不要炸過頭，炸至表面金黃、微焦就好了。瀝乾油分趁熱吃。

這款炸丸子配冷牛奶，營養足夠讓小孩子應付一個上午的活動。家裡如果有不愛吃紅蘿蔔的小孩，不妨試試哦。

接骨木花香檳

6 月 10 日

小雨　16°C

5 月末、6 月初是接骨木花盛開的時候。在河邊、田野、公園和路邊隨處可見滿樹的乳白色小花，散發著獨特的香氣。這種香氣很難描述，清新香甜，有一絲麝香的韻味。接骨木花開後，就會結出黑紫色的接骨木漿果，是做果醬的佳品，也是許多鳥兒喜歡的營養食物。如果說接骨木花盛開標誌著英國的夏天正式開始，那麼接骨木漿果的成熟則預示著夏天即將結束。

接骨木渾身是寶，在歐洲被稱為「萬能靈藥」，被古希臘醫藥之父希波克拉底稱為「天然醫藥箱」，稱其為自然界最偉大的具治癒力的植物。在抗生素發明之前，接骨木是流感藥物的主要成分。英國有一種黑接骨木糖漿，專門用來提高免疫力，抑制流感病毒。而從接骨木花萃取的汁液更可以養顏美容，據說

有防皺美白的功效。英國著名護膚品牌「The Body Shop」就有接骨木花眼霜，據說其花青素有減緩衰老的作用。至於這樸素的小白花是否真的能夠扭轉乾坤，讓人凍齡駐顏暫且不談，只說「接骨木」這個名字也很奇怪。顧名思義，大概是其對骨折、跌打損傷、痛風、大骨節病等都有療效吧。

接骨木花露和接骨木花香檳是英國人夏天花園派對的主角，其複雜迷人的香氣常常讓初次品嚐者一試難忘。這兩種飲品製作方法很簡單，自己做一些儲存起來，隨時拿來調製雞尾酒，香氣淡雅純淨，滋味妙不可言。

採摘接骨木花要選晴朗的早上，太陽已經把花朵上的露水蒸發乾淨，花區需遠離馬路。選當天早上剛剛開放，且整個花冠全部開放的花朵，嗅一嗅，香氣撲鼻，就是好花了。因為附近可能有野生狐狸或者遛彎的狗兒，牠們有劃地盤的習慣，所以採摘的時候要以腰部為界限，只採腰部以上的花朵。另外，每棵樹採一些，避免過度採摘，需留下一些花長出果實。把採來的花攤開放在院子裡的桌子上，涼兩個小時，讓花上的小昆蟲自行離開。這期間可以準備一個已消毒的空瓶子，處理檸檬。香檳的配方很簡單，只需加入水、糖、檸檬和白酒醋即可。接骨木花粉中有野生酵母，所以不需要酒引。上乘的白酒醋為香檳帶來乾爽刺激的口感。

做好的香檳放在冰箱裡可以保存整個夏天，冷藏過的接骨木香檳呈淡黃色，清澈剔透，冒著小氣泡。炎炎夏日，坐在花園，來一杯加了冰塊的接骨木香檳。嗅一下，如麝香葡萄的氣息，複雜又浪漫。輕啜一口，口感圓潤乾爽，酸裡透著甜，激爽冰涼。對於我來說，接骨木花的味道就是英國夏天的味道。

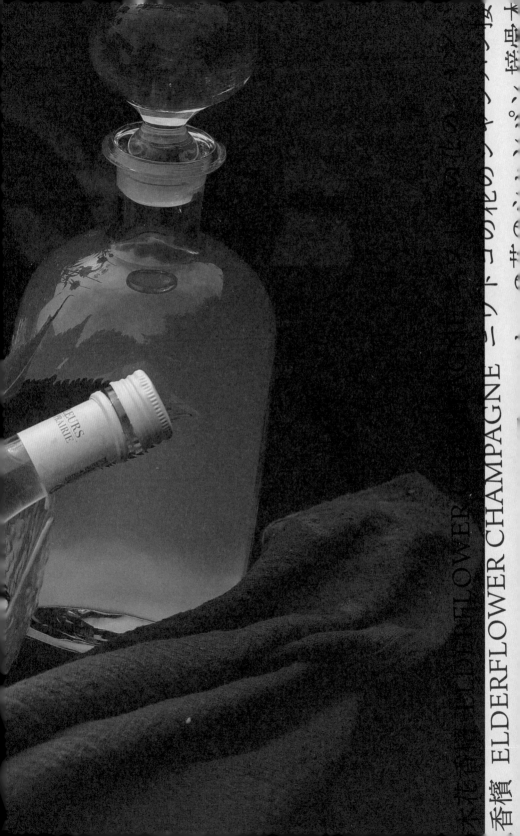

香檳 ELDERFLOWER CHAMPAGNE ニワトコの花のシャンパン

接骨木花香檳

Elderflower Champagne

份量

- 6 公升

材料

- 熱開水：4 公升
- 冷開水（建議用礦泉水）：2 公升
- 糖：700 克
- 檸檬：4 個
- 白酒醋：兩大匙
- 接骨木花：30 朵

① 製作香檳需利用接骨木花粉中所含的野生酵母，所以接骨木花最好不洗，或輕微沖洗。取一個裝有清水的容器，把接骨木花放進水中迅速轉幾圈，取出瀝乾水分。據說接骨木的枝幹有輕微毒性，而且有少許苦味，所以盡量剪去花梗，只留花朵。

② 所有裝香檳的瓶子要嚴格消毒，玻璃瓶用沸水煮 3 分鐘以上，或用洗碗機消毒。選用玻璃瓶時要注意選擇品質好的、厚壁的，防止其因氣體生成而爆裂，也可用礦泉水瓶子，礦泉水瓶子是已被消毒乾淨的，所以不需要再消毒。而且其塑膠材質有彈性，不易發生爆裂。

③ 檸檬磨出皮屑，榨汁，待用。

④ 將 4 公升水燒開後，加入糖、白酒醋、檸檬皮及檸檬汁，再加入 2 公升冷開水。等水溫降下來，再放入接骨木花。注意水溫不能太熱，否則會降低天然酵母的活力，或殺死酵母導致香檳製作失敗。也可以加入少量釀酒專用酵母，但我沒有加，也很好。

⑤ 攪拌後蓋上蓋子，存放在陰涼處 3 至 4 天，每天攪拌兩次。3 至 4 天後，開始有小氣泡形成時，就是開始發酵了。如果沒有發酵，可放入少量釀酒酵母。

⑥ 取一塊密實的紗布，將香檳過濾。花渣子可以用來做酵素。汁液現在看起來有點渾濁，但沒關係，隨著時間的推移，會慢慢變得清澈。灌入瓶中，放置陰涼處一周。如果用玻璃瓶裝，可以每天鬆一鬆瓶蓋，防止爆裂。無論用哪種瓶子，都不要裝得太滿，給氣體留一些空間。

再過一周之後，香檳就做好了，拿一瓶放入冰箱冷藏，以隨時享用。其他的保存在陰涼處。

太陽餅

6月14日

多雲　23°C

昨天羅賓的第二窩小寶寶也離巢了。這一窩小鳥在初夏時孵出來，天氣暖和，食物充足，比上一窩強壯許多。飛出鳥窩的小鳥只在我的花園逗留了幾分鐘，就飛過柵欄不見了蹤影。看著牠們一天天地長大，忽然有一天巢穴空空，頭也不回地飛走了，有點悵然若失的感覺。這幾天花園的食客多了起來，有一對金翅鳥（goldfinch）天天來吃葵花籽。這對紅臉白脖子、黃翅膀的鳥兒色彩靚麗，非常搶眼。牠們一左一右地站在餵食器上，大吃特吃，弄得鳥糧撒得到處都是，鴿子先生就歡喜地在下面撿著吃。還有一種長尾山雀，每次都來 4、5 隻，專攻脂肪球。

周末照例是做甜點的好時候。台灣的太陽餅一直都是我最喜歡吃的點心之一。太陽餅好吃，首先要有輕薄酥脆的餅皮，層層疊疊，入口即化，還有淡淡的奶香。其次，餡料用純正麥芽糖，甜而不膩。傳統的太陽餅是用豬油做的，酥皮鮮亮透白，質感輕盈，優雅得像盛開的白色芍藥花。

前幾年有新聞記者像發現新大陸一樣報導太陽餅用豬油製作，抨擊其用料廉價不健康，於是市面上有了用牛油或其他油脂製作的太陽餅，但始終不如傳統的好吃。最近有新的研究為豬油平反。研究表明，豬油含有大量飽和脂肪酸，比牛油更健康，而其耐高溫、抗氧化，比起不耐高溫的植物油，更適合用來炒菜。小時候喜歡吃豬油拌飯，用上好的東北大米煮成的白飯，加一塊豬油，一小碟醬油，再加一個煎得老的荷包蛋，是令人銷魂的童年美食。

台灣的太陽餅與香港的老婆餅相似，但前者更勝一籌。香港的老婆餅用冬瓜茸做餡料，有甜過頭之嫌。我吃過最好吃的老婆餅是在南丫島上的街邊小店買的，連同芒果糯米糍，味道驚為天人。其實，酥皮點心在中國各地都有，比如北方的宮廷糕點「京八件」，但我不喜歡裡面的餡料，最怕青紅絲，所以小時候與家人吃京八件的時候，我只吃掉下來的餅渣。

皮與餡都好吃的當屬台灣的太陽餅。太陽餅的由來有兩個說法。有一種說法是中國古代南方的農民在日蝕的時候，以麵粉、麥芽糖製作糕餅來祭拜天地，餵飽天狗，相沿成俗，這些祭拜用的糕餅遂被命名為太陽餅。另一傳說是清朝末年，以製作糕餅出名的賀日昇有個漂亮的女兒，他的弟子陳維民愛上了貌美的小姐，便用純正麥芽糖為餡料製成太陽餅，既象徵著小姐的花容月貌，又表達了他甜蜜的思慕之情。陳維民做的太陽餅在招親大會上得到了老師的青睞，於是將愛女許配給他，並把太陽餅當作喜餅分贈親友，所以太陽餅還有千金餅的美名。

正宗的台灣太陽餅在英國是買不到的，即便是在香港也價格頗貴，良莠不齊。其實太陽餅可以自己做，酥皮的製作略需技巧，但熟能生巧，自己做的太陽餅用料精良，新鮮好吃，不輸給買來的呢。午後，泡一壺台灣凍頂烏龍，佐以太陽餅，神遊台灣。

太陽餅

SUNCAKE

份量

- 6 個

材料

水油皮：

- 高筋麵粉：40 克
- 低筋麵粉：60 克
- 糖粉：10 克
- 豬油：30 克
- 溫水：50 毫升

油酥：

- 低筋麵粉：60 克
- 豬油：30 克

糖餡：

- 無鹽牛油：25 克
- 麥芽糖：15 克
- 低筋麵粉：30 克
- 糖粉：40 克
- 鹽：少許
- 牛奶：7 毫升

① 製作水油皮。把高筋麵粉、低筋麵粉、糖粉、豬油和水混合，揉成軟麵糰。水需分三次加入，觀察柔軟度，根據麵粉的吸水情況來調整水量。讓麵糰鬆弛 30 分鐘。

② 準備油酥和糖餡。把低筋麵粉和豬油混合成糰，製成油酥。牛油軟化後，把製作糖餡的各種材料混合，揉成一團。再分成 6 份，搓成小圓球，放入冰箱冷藏 30 分鐘。

③ 把水油皮麵糰分成 6 份，搓成圓球，按照先後次序排列好。油酥也分成 6 份，搓成圓球，排好。

④ 取第一個水油皮麵糰，按扁，包入一個油酥團，收口捏緊，鬆弛 15 分鐘。以此方法，製作 6 個包有油酥的麵球，按照製作的先後排列好。之所以要排順序，是因為要給酥皮鬆弛的時間，所以每一個步驟都按照先後次序，這樣每一個麵糰都有足夠的鬆弛時間。

⑤ 取第一個油酥麵球，按扁，翻面擀成牛舌狀，捲起，鬆弛 15 分鐘，再重複一次，捲好待用。注意擀麵餅的時候力度要輕一些，避免油酥露出來。捲與擀平交替進行就是餅皮形成層次的關鍵步驟。

⑥ 把糖餡球從冰箱取出。焗爐以 160℃ 預熱。

⑦ 取一個酥皮卷（步驟 5 做好的），用手指在中間按一下，兩邊摺疊上來，整理成圓形，擀成餅皮。包入糖餡球，收口捏緊朝下，整成圓形，鬆弛 10 分鐘。這一步收口很重要，如果覺得難的話，可以適當減少糖餡，完全收緊捏好，防止糖餡在焗烤的過程中爆出。依次包好糖餡，按照先後次序排列。然後，依次壓扁，擀成圓餅，放入刷了油的焗盤，鬆弛 20 分鐘。

⑧ 把焗盤放入焗爐中下層，以上下火焗 30 分鐘。焗好的太陽餅冷卻後密封保存。

鮮肉糭

6月21日
晴　20°C

今天是西方的父親節。早上跑步到家附近的一個立交橋（即公共交通交匯處），大老遠就看見有大型電子熒幕滾動顯示著文字。近看，原來是幾位子女在父親節為紀念去世的父親而寫下的一些話語。一個叫彼得的寫道：「您是第一個抱我的男人，我是最後一個抱您的男人，因為您在我的懷中逝去。現在我也是父親了。真希望您能見見您的孫子，爸爸，您一定會愛他的。」

一轉眼，爸爸離開我們已經 15 年了。爸爸的去世一直是我心中的痛，因為有一件事情讓我後悔至今。父親從診斷出癌症到離開我們不到一年。那時候我剛剛生了老大不久，又開始了新工作，全家人採取隱瞞的態度。那其實是鴕鳥式對策，大家都不談這個事情，還幼稚地寄希望於醫療。我相信爸爸知道自己的病情，但看到我們都不願面對，也就將錯就錯，假扮不知。我後悔沒有跟爸爸好好告別。

人人都會說「生老病死」是自然規律，但真是輪到自己要面對的時候，就不一定能想得開。我們這一代人既沒有受過宗教教育，也沒有學習過哲學，因此對死亡也沒有正確的認識。

年齡漸長，我才明白當親人面臨死亡的時候，我們能做的就是陪伴在他身邊，聽他傾訴，盡量為他完成願望，讓其從容地告別。知道自己即將離世的人都倍感孤獨，他們不但需要親人的陪伴，還需要精神上的支援與疏導。看著爸爸去世前寫的書法小楷，想著他獨自伏案的背影，我為自己沒能與他好好地對話而深深地懊悔。記得那年的十一國慶，趁放假，我帶兒子回家住了幾天，那些日子也是天真地認為他還能好，堅決不相信他會死去。然而，那是我們最後一次見面，3個星期後，他就離開了。

叔本華說：「死亡不應被視為過渡到另一全新而自己不認識的狀態，應該把死亡看作回到自己原來的狀態，生命只是暫時離開這個狀態而已。」雖然死亡可以結束我們的生命，卻無法結束我們的存在。宗教與哲學是殊路同歸，但因為宗教以寓言的形式表達，更容易理解，適合大多數人。而哲學則是保留給少數特殊人群。二者中我傾向於後者。

端午節快到了，記得小時候家裡總是會包好多糉子。但是東北人包素糉子為多，以紅豆、綠豆和大棗等做餡料居多。爸爸喜歡南方的鹹水糭。他每每吃糉子的時候就會說起南方老家的鹹水糭，黃澄澄的，特別糯，好吃。他還說有一次坐火車路過嘉興，從火車窗口外的小販手裡買了一隻肉糭，「那可真好吃」，他舉著筷子笑著說。

每年端午節我都會包糉子。這項技術每年才有機會練習一次，

所以非得連續多年練習才能練好。我買了五花肉，鹹鴨蛋也醃好了，今年還是包兩種：紅豆素糉和蛋黃肉糉。

糉子又名「角黍」，早在西晉周處的《風土記》已有記載：「仲夏端五（午），方伯協極。享用角黍，龜鱗順德。」李時珍《本草綱目》中，記錄用菰葉裹黍米，做成有尖角狀的食物，稱為「角黍」或「糉」。

北方的糉子多用紅豆、大棗做餡料，蘸糖吃。肉糉子要趁熱吃，紅豆糉子則要吃冷的。剝一隻小小的紅豆糉子，紅豆從雪白的糯米中露出頭來，在綠色竹葉的襯托下，歡歡喜喜，晶瑩剔透。用筷子夾起，蘸點白糖，送入口中，清涼甜蜜，滿口竹葉的清香。紅豆當選整粒的，不要用豆沙，這樣軟糯中又能多出一層豆子的口感。糯米和紅豆天生一對，二者與糖又是美妙的結合。我以為，冰涼的紅豆糉子堪稱是簡單美味的典範。

南方的糉子多是鹹口味的。廣東的肉糉餡料主要有五花肉、去皮綠豆、鹹蛋黃、冬菇、蝦米、瑤柱和栗子等。家常廣式糉子又叫「裹蒸糉」，呈長方形，包得整整齊齊，扎扎實實，難怪廣東話把穿得多的人稱為「裹蒸糉」般，倒很形象。

而說到浙江，當屬嘉興的肉糉最出名，被譽為「糉子之王」。其獨到之處是餡料用醃製過的豬腿肉，而且要加上一大塊肥肉。糉子煮好了，肥肉已酥爛，豬油融入到整個糉子中，成就了嘉興糉子肥而不膩、肉香濃郁的特點。

我做的肉糉是廣東和浙江的合體。我喜歡餡料簡單的肉糉，所以只用豬肉、鹹鴨蛋和去皮綠豆做餡料。豬肉我選上肩肉，又叫梅花肉，其瘦肉佈滿脂肪紋路，而且瘦肉之間還夾著細細的

肥肉絲，肉質嫩滑。豬肉用鹽浸過夜，第二天再用調味料醃製兩小時，煮熟會更軟嫩。每隻糭子用半隻鹹鴨蛋黃，因為吃下一整隻蛋黃略覺膩滯。去皮的綠豆瓣雖然是配角，但有蛋黃的綿密口感，又不油膩，是肉糭不可缺少的餡料。

除了餡料之外，包肉糭的另一關鍵是要在糯米中加入醬油、糖和油拌勻。煮糭子的時候，也要在水中加入適當的鹽，這樣包出來的肉糭鹹鮮可口，不須蘸任何醬料。

鮮肉糉

RICE DUMPLINGS

份量

- 15 個

材料

- 糯米：1500 克
- 梅花肉：1000 克
- 鹹鴨蛋黃：8 個
- 去皮綠豆：200 克
- 鹽：1 茶匙
- 生抽：4 大匙
- 老抽：1 大匙
- 糖：1 大匙
- 料酒：1 大匙
- 糉葉：15 片

① 糯米洗淨，加入鹽、糖、老抽和兩大匙生抽，少量水，拌勻，放置 4 小時。

② 整塊梅花肉用含鹽量 5% 的鹽水浸泡一夜後，撈出洗淨，切成大塊。加料酒 1 大匙、生抽兩大匙，拌勻，靜置兩小時。

③ 糉葉洗淨後加水，水要沒過糉葉，加蓋煮開後繼續煮 3 分鐘。這樣，糉葉變軟，不容易裂開，也消毒殺菌。

④ 去皮綠豆用冷水浸泡 15 分鐘。

⑤ 包糉子的手法有很多，我喜歡包四角肉糉子。包糉子的時候，先加一勺糯米，再加一勺綠豆，然後放上肉和蛋黃，再鋪上糯米。這樣保證餡料被糯米包裹，味道不容易流失。

⑥ 煮糉子最好小火慢煮，但為了節約時間，我用壓力鍋煮。一般加壓 30 分鐘，燜 20 分鐘，壓力鍋蓋能打開時，就煮好了。

⑦ 如果包了素和肉兩種糉子，先煮素的，然後再在水中加 5 克鹽煮肉糉。這樣能節約水和能源。因為煮糉子耗時頗長，通常包好一鍋就煮，這樣就能避免煮糉子煮到深夜。

奶油蘑菇酥皮湯

6 月 29 日

小雨　15°C

就快 7 月份了，還要穿羊毛衫，前幾天還艷陽高照，這些天又氣溫驟降，英國的天氣變化多端，永遠不會沉悶。小雨密密地下著，冷颼颼的。穿上雨衣，跑步去。

家中花園的蔬菜有好多已經開花結果了。翠綠多刺的小黃瓜頂著黃花，葉子寬大的翠玉瓜也長出金黃色的小瓜。那 4 株無限生長的番茄竄得比人還高，青色的小番茄一串一串地掛在枝頭。另外幾株矮種的小番茄也都長勢喜人，小黃花密密匝匝的，在風中搖頭晃腦。看著種植的花草蔬菜一天天長大，心裡美滋滋的，「農民」的幸福是如此簡單。雖然不能靠自己種的這一點蔬菜自給自足，但是有機會品嚐到即時採摘的蔬果，又時

常給餐桌帶來驚喜，也是讀書寫作之餘的調劑。

這幾天發現羅賓夫婦在換羽，羅賓爸爸已經煥然一新，渾身光滑的羽毛閃著漂亮的光澤。羅賓媽媽還未換完，背上凸出來一小簇舊羽，樣子很滑稽。小松鼠還是每天光顧我的餵食小屋，坐在裡面把所有的花生都吃完才不慌不忙地離開。

大山雀、藍山雀和金翅鳥都愛吃葵花籽仁，整天流連在藤架附近的大樹上，有時還在鳥泉洗澡（鳥泉指一個盛滿清水的高腳容器，專供鳥兒洗澡）。我的花園終日鳥鳴啾啾，我索性就把玻璃屋當成書房，晴天聽鳥叫，雨天聽雨聲。

天氣涼絲絲的，就煮一鍋奶油蘑菇濃湯做早午餐，最適合不過。奶油蘑菇濃湯是法式經典菜式，口感綿密幼滑，奶香與蘑菇香交替襲擊味蕾，回味綿長。

說起濃湯，留給我美味記憶的不是法國巴黎的米芝蓮餐廳，也不是英國鄉村的小飯館，而是香港的必勝客。加了酥皮的蘑菇忌廉雞湯乃是店裡一絕。必勝客雖然屬於連鎖快餐店，但東西有別，西方的必勝客沒有酥皮湯，大概是其在西方的市場定位偏低的原因吧。

賣相華麗的酥皮濃湯源自法國，是法國名廚博古斯（Paul Bocuse）的成名之作。1975 年博古斯在愛麗舍宮為法國總統的宴會獻上黑松露酥皮湯，從此酥皮濃湯成了法式經典菜餚。

湯盅上頂著一個烤得金燦燦的蘑菇狀芝士酥皮，外形既優雅又可愛。最令人著迷的是把這美麗脆弱又誘人的酥皮湯吃進肚子的方法。當年在皇宮餐桌上的總統和名流們可被難住了。講究

優雅用餐禮儀的法國人終究要破皮而入。用勺子輕敲酥皮，懷著惴惴不安的心情，溫柔地嘗試，以求發現最適合的力道。就像在敲一個 14 歲男孩臥室的房門一樣，心中懷著親近孩子的慾望，又唯恐被拒絕，小心翼翼，好像被接受與否，全關乎敲門的力道是否正確。經過高溫烘焙的酥皮「咔嚓」一聲破碎了，勺子終於可以長驅直入，飽含著濃湯精華的酥皮，鮮到舌根的湯汁，趁熱入口，別有洞天。

如此美味，只要掌握幾個烹飪要點，成功易如反掌。沒有黑松露，就用蘑菇，味道也很驚艷。濃湯食譜來自茱莉亞·查爾德（Julia Child）的《掌握法式烹飪的藝術》（*Mastering the Art of French Cooking*）。

蘑菇酥皮湯 CREAM MUSHROOM SOUP WITH PUFF PASTRY CR
クリームキノコスープ 奶油蘑菇酥皮湯 CREAM MUSHROOM SOUP

奶油蘑菇酥皮湯

Cream Mushroom Soup with Puff Pastry Cru

份量

• 4 人

材料

• 蘑菇：500 克
• 洋蔥：1 個
• 牛油：70 克
• 普通麵粉：40 克
• 高湯：1500 毫升
• 香葉：1 片
• 百里香：1/8 茶匙
• 鹽：適量
• 黑胡椒粉：適量
• 檸檬汁：1 大匙
• 雞蛋黃：2 個
• 鮮奶油：100 毫升
• 酥皮：1 張

① 洋蔥切碎。蘑菇洗淨擦乾，切薄片。

② 取一鑄鐵鍋，放入 40 克牛油，牛油融化、開始起泡時，放入洋蔥，小火煮 8 分鐘。注意火候，洋蔥以不變色為妙。

③ 加入麵粉，快速攪拌，小火煮約 3 分鐘，麵粉也能不變色。這樣會令湯汁濃稠，又沒有生麵粉的味道。熄火，慢慢攪入高湯。

④ 取一平底鍋，放入牛油 30 克，起泡後放入蘑菇片，翻炒，加鹽、黑胡椒粉、香葉、百里香和檸檬汁，加蓋煮 5 分鐘。把蘑菇和湯汁倒入鑄鐵鍋內，攪拌均勻，小火煮 15 分鐘。

⑤ 兩個雞蛋黃（保留少許蛋黃用來給酥皮掃面）和鮮奶油攪拌均勻，慢慢加入湯中，邊加邊攪拌。需注意的是，蛋黃一定要與蛋清完全分開，如果混入蛋清，就會有蛋花湯的感覺，影響賣相。小火，以似滾未滾的狀態煮兩分鐘，讓蛋黃熟透。熄火，調味。

⑥ 焗爐以 200°C 預熱。準備幾個比較厚的馬克杯，在杯沿掃上蛋液。按照杯子口的大小，切割酥皮。

⑦ 把湯盛進杯中，約 7 成滿。蓋上酥皮，輕壓酥皮，使其與杯口緊密結合。給酥皮掃上一層蛋液。入焗爐，焗 12 分鐘即可。

7 月原本在古羅馬日曆中是第五個月，被稱為 Quintilis。後來羅馬統治者蓋烏斯·尤利烏斯·凱撒大帝（Gaius Julius Caesar）被刺死後，羅馬元老院建議將凱撒大帝誕生的 7 月，用凱撒的名字命名。

7 月是英國最溫暖的季節，是鹿的繁殖期，所以 7 月是禁止獵鹿的「圍欄月」（fence month）。皇家列治文公園（Richmond Park）新出生的小鹿就隱藏在草叢和樹林裡。

英國人把 7 月最熱的日子叫做「狗日」（Dog days），也就是中國人說的「三伏天」。熱天與狗扯上了關係是因為古人觀測到天狼星（犬星）剛好在太陽升起前出現時，炎熱的暑氣就到來了，所以把高溫日子稱為「狗日」。

7 月 3 日：「狗日」開始

馬鈴薯大蔥 奶油濃湯

7月3日
多雲　18°C

高溫天氣一閃即逝，讓人懷疑是否剛剛來到的夏天就要離去了。園子裡的大理花在 6 月雨水的澆灌下竄得老高，有幾株已經迫不及待地開花了。之前種下的球根海棠已經長大，全都打了花苞，沉甸甸地在風中搖曳。有一株率先開了白色雙瓣花，一串一串地，沒有濃艷的色彩，是低調的繁華。

今天羅賓一家三口在園子裡玩了很長時間。羅賓寶寶的尾巴已經長了出來，胸前的羽毛開始呈現淡黃色，身體圓滾滾的，憨態可掬。羅賓爸媽居然還在餵牠，可憐天下父母心，總是不捨得孩子離開。

白天工作了一天，晚餐從簡。天氣涼爽的日子，一碗濃湯，一塊酸麵包就是既樸素又暖心的晚餐。英文的 supper（晚餐）一

詞來自法語 souper，代表以湯做晚餐的傳統。有人說愛上法餐從愛上奶油濃湯開始。也聽說有遊客去法國旅行，從巴士下來要在當地以濃湯著名的餐廳點一碗湯，卻被煮湯人拒絕，因為他說旅客行跡匆匆，沒有時間從容地品嚐他精心熬製的濃湯。

西式濃湯，蔬菜是主角，口感綿密濃稠。經過長時間慢煮，蔬菜、肉和水充分融合，味道完全釋放，既營養又味美。濃湯本身就可以撐起枱面，做一頓正餐。歐洲餐廳裡通常都有濃湯配麵包，既可以做午餐也可以當作豐盛餐食的頭盤。濃湯與歐洲寒冷潮濕的天氣尤其搭配。如果你去冰島，一定要品嚐一下街頭巷尾小餐館的奶油龍蝦湯，那獨樹一幟的味道，大概只有這個位於北極圈，四面環海、地貌險峻的島國才能與之匹配。

法式濃湯種類繁多，我喜歡酥皮周打魚湯，口味最適合中國胃；奶油蘑菇濃湯菌味鮮濃，讓人回味無窮。眾多濃湯中，有一款用料最普通，味道卻最經典，無論是高級餐廳還是尋常百姓家，它永遠都有一席之地。這就是法式馬鈴薯大蔥奶油濃湯。用切成粒的馬鈴薯和大蔥慢火熬煮的湯，19 世紀就在法國流行，並首次出現在烹飪書中。1938 年的法國軍事烹飪書中曾收錄了一個「供 100 人用的馬鈴薯大蔥濃湯」配方，用牛奶代替奶油。

據說法國國王路易十五為了防止被下毒，讓多個傭人在餐前試吃。有一次，他的馬鈴薯大蔥濃湯被多人試吃之後，呈上時已經冷了，豈料他卻大讚冷的濃湯更美味。茱莉亞·查爾德曾說這款濃湯是「美國人的發明」。馬鈴薯大蔥奶油濃湯到底是來自法國還是美國並不重要，重要的是這款低調、樸素、美味的料理，製作方法尤其簡單。做一鍋放冰箱冷藏，可以吃幾天，是懶人必備的營養餐食。

馬鈴薯大蔥奶油濃湯

Creamy Potato and Leek Soup

份量

- 4 人

材料

- 馬鈴薯：500 克
- 大蔥：500 克
- 冷水：1500 毫升
- 鹽：適量
- 濃湯寶：1 個
- 煙肉：3 片
- 普通麵粉：20 克
- 鮮奶油：2 大匙

① 馬鈴薯去皮切成小粒，大蔥切碎。煙肉切粒。

② 鑄鐵鍋裡下少許橄欖油，把煙肉粒煎成兩面金黃酥脆，把煙肉粒取出，待用。

③ 就用這個鍋子，無須洗鍋，把大蔥下鍋，炒香。再放入馬鈴薯，繼續翻炒。加入濃湯寶、水和鹽，攪拌均勻。加蓋，小火，煮 50 分鐘。

④ 煮了 50 分鐘的湯，馬鈴薯已經軟爛。用製作馬鈴薯泥的工具把一半馬鈴薯壓成泥。取 20 克麵粉用冷水拌勻，攪拌進湯中，增加稠度，然後調味。

⑤ 在上桌前，攪入鮮奶油。配法式酸麵包。

朱古力磅蛋糕

7月12日
陰有時晴　19°C

最近買了好幾種好吃的朱古力，愛吃朱古力的人在歐洲真是有福氣。我從小就對朱古力情有獨鍾，70、80年代的中國，朱古力很貴。爸爸有時候會給我買散裝的朱古力，有圓形和方形的，裝在黃色的草紙袋子裡。我不捨得吃，用牙齒輕輕咬一點，小口小口地，一塊朱古力足夠我品味好一會兒。這種慢吃朱古力的習慣一直保留到現在。如今，看見兒子把一大塊朱古力放進嘴裡咀嚼，真有暴殄天物的感覺。

好吃的朱古力曾經矜貴得只有皇室貴族才能享用，更曾經被當成金錢使用，原來過年過節時的朱古力金幣大有來頭。可可豆原產自狹長的中美洲熱帶雨林地區。瑪雅人最早用可可豆泡水，加入香料做成飲料。除此之外，可可豆的另一大用途是作

為貨幣。阿茲特克人統治瑪雅之後，命令所有產可可的殖民地必須繳納可可豆作為稅收，可可豆正式成為交易貨幣。

直到 16 世紀，歐洲人才發現可可。1502 年哥倫布在美洲發現可可豆並帶回西班牙。他的兒子弗蒂蘭曾經觀察過當地人是如何珍視這種像「杏仁」一樣的豆子。他看到當地人在搬運貨物的時候，如果有可可豆掉了，就會立即撿起來，好像「眼珠子掉了一樣」。但是，被帶回西班牙的可可豆並未被重視，真正發現朱古力製作秘方，並把朱古力當成美味帶回歐洲的是西班牙探險家埃爾南・科爾特斯（Hernán Cortés）。

這是一個有趣的故事。阿茲特克人信奉羽蛇神，認為是羽蛇神把美味的朱古力飲料賜給他們，相信羽蛇神總有一天會再回到阿茲特克人生活的墨西哥，並且預言它回來的時間是 1519 年。無巧不成書，1519 年 4 月，科爾特斯率領船隊在墨西哥海域登岸。淳樸的阿茲特克人把侵略者誤認為羽蛇神，把美味朱古力飲料獻給科爾特斯。朱古力飲料讓科爾特斯精神大振，認定這種能提神醒腦的飲料是個好東西，於是把可可豆和製作飲料的秘方帶回西班牙。

科爾特斯把可可豆和製作飲料的秘方帶回西班牙後，進行了配方改良，加入蔗糖、蜂蜜、肉桂和香草，使其更香甜可口，成為皇室貴族特供飲品。1660 年，西班牙的瑪麗公主嫁給了法國皇帝路易十四，隨身帶了一名專門為她製作朱古力飲料的女僕，於是朱古力開始風靡整個歐洲。這與茶傳到歐洲的故事倒有幾分相似。後來，朱古力的配方不斷改進，從加入少量鹽減少苦澀，到提取可可脂，又把可可脂加入液態可可中形成固體朱古力。1875 年丹尼・彼得（Daniel Peter）發明了把奶粉加入朱古力做出的牛奶朱古力，這逐漸演變成了現代的朱古力配

方。從此，朱古力配方與工藝日益完善。

當你不知道該做什麼甜品時，朱古力永遠是最好的選擇。製作朱古力甜品，關鍵是要使用好的朱古力，以可可含量至少 50% 以上的黑朱古力為優。控制糖的使用量也很重要，苦與甜的比例要適當，避免過甜。製作過程中必然要融化朱古力，傳統的做法是把朱古力放入容器，隔水慢慢融化。其實，用微波爐融化朱古力省時省力，又安全。把小塊的朱古力加熱 1 分鐘，然後看情況再加熱 1 分鐘，朱古力就能恰到好處地融化了。

今天做的朱古力磅蛋糕，配方來自 Nigella Lawson 的 *How To Be a Domestic Goddess*。這是一款不花巧、最純味的朱古力蛋糕。而且，你會驚奇地發現美味程度與製作難度絕對成反比。口感扎實而濕潤，可可味濃郁，是單純的美味。這箇中的妙處，只有自己做了、吃了才能體會。

午後，倒一杯茶或一杯咖啡，切一片濃黑的蛋糕，濕潤且略帶黏性的口感讓人想起布朗尼，迷人的可可香氣在唇齒間纏綿繚繞，如此這般的苦甜交織，就是生活的味道吧。

磅蛋糕 DENSE CHOCOLATE LOAF CAKE チョコレートパウンドケー
糕 DENSE CHOCOLATE LOAF CAKE チョコレートパウンドケー

朱古力磅蛋糕

Dense Chocolate Loaf Cake

份量

- 23 厘米 X 13 厘米 X 7 厘米

材料

- 黑朱古力：100 克
- 無鹽牛油：225 克
- 非洲黑糖：180 克
- 雞蛋（大）：3 個
- 香草精：1 茶匙
- 普通麵粉：100 克
- 泡打粉：1 茶匙
- 熱滾水：250 毫升

模具

- 23 厘米 X 13 厘米 X 7 厘米長形
  磅蛋糕模具，或 8 英寸圓模具

① 焗爐以 190°C 預熱。模具墊好烘焙紙。

② 黑朱古力分成小塊，放入碗中，放進微波爐加熱 1 至 2 分鐘。用小勺攪拌至完全融化。

③ 麵粉與泡打粉混合成乾粉。

④ 牛油和糖攪拌成糊狀，加入雞蛋、香草精和非洲黑糖，攪拌均勻。加入黑朱古力，攪拌均勻。注意不要過度攪拌，因為我們需要扎實的口感，所以不需要打發形成泡沫。然後開始逐步加入乾粉和熱水，可以一勺乾粉，一勺熱水。慢慢攪拌成幼滑、可流動的麵糊狀。

⑤ 麵糊倒入模具，入焗爐，以 190°C 焗 30 分鐘。然後溫度調低到 170°C，繼續焗 25 分鐘。焗好的蛋糕中間會呈半液態，所以若插入牙籤，抽出來可能不乾淨。沒關係，就這樣冷卻。之後放入冰箱過夜，第二天脫模。冷卻後的蛋糕有可能會有少許下陷，這是正常現象，因為蛋糕內部非常濕潤。

⑥ 從冰箱取出的隔夜蛋糕，口感冰涼，還可以加乳酪糖霜，或者與香草軟雪糕搭配著吃。

焗羊腿

7 月 15 日
中雨　16°C

曾經有一位年輕的朋友向我訴說尋找生活目標的苦惱。他對現狀不滿，又苦於不知如何突破現狀，找不到前進的方向。

我不得不遺憾地說，我無法為他指明生活的方向。因為生活的目標與意義是個人獨有的，我的目標是我的指路明燈，但對你來說可能毫不適用。

莎士比亞說：「苟且偷生，還是奮起抗爭，這是個問題。是默默地忍受暴虐命運的箭穿石擊，還是奮起抗擊無窮盡的苦難，通過反抗，把它們清除乾淨，這兩種抉擇，哪一種更高尚？」是隨波逐流，還是逆流而上？我們一生有意識地、無意識地做出無數的選擇。現在的生存狀態就是我們選擇的結果。世間沒有更高尚的選擇，只有更適合的選擇。

如果你渴望找到生活目標，該如何尋找呢？首先，我們要確定自己想成為什麼樣的人，過什麼樣的生活，然後按照這個思路

來設定目標。換句話說，目標為成就我們而服務，而不是我們為了達成目標而生活。我們不是要為了當醫生、律師或科學家而奮鬥，我們是要為成就一個理想中的自己而奮鬥。

有目標的人都會選擇一條路，向著自己的目標前行。事實上，在這條路上行走的過程比到達更重要。人不是為了一個特定的目標而生活，而是為自己喜歡的生活方式而奮鬥，目標是次要的，為了達成目標而採取的生活方式才是重要的。

人生的悲劇不外乎為了目標去改變自己，費盡心機，不擇手段，到頭來又發現目標已經不再適用，或者已達成的目標並不如想像中的那麼輝煌。比如小時候你想當警察，現在可能已經不想了。因為，人的思想會隨著年齡和經歷的增加而改變。所以目標是變化的，圍繞達成某個可能變化的目標來生活，難免到頭來都是枉然。

如果你已看清面前的每一條路，認定都不適合，那麼別無他法，只能尋找一條新的道路。這說起來容易，做起來難。人都受社會和環境的局限。很多時候，生活的大環境會迫使你做出選擇。這時，你要不就說服自己接受現實，要不就認真地尋找另外的東西。如果你根本不知道自己要什麼，那麼拋棄已有的，去尋找所謂「更好的」，是不是明智之舉呢？除了你，誰能知道呢？其實，沒有人在強迫你做不想做的事情。但是如果你覺得這是你該做的，那麼就說服自己接受吧，因為絕大多數人都不過如此。

費腦筋的哲學問題，嚴肅而低沉。還是用食物來補充一下營養，為了有更敏捷的思路，吃一餐好的吧。英國的羊肉既便宜又新鮮，今天就焗一隻羊腿做晚餐。

焗羊腿

Roast Leg of Lamb

份量

- 6 至 8 人

材料

- 整隻羊腿：2500 克
- 豬油：3 大匙（或用融化的牛油與植物油混合）
- 洋蔥：1 個
- 大蒜：4 瓣
- 鹹鳳尾魚：4 條
- 迷迭香：4 根
- 黑胡椒粉：少許
- 鹽：少許
- 牛肉高湯：300 毫升（或一個牛肉濃湯寶加 300 毫升水）
- 普通麵粉：20 克

① 大蒜切片。洋蔥切條。迷迭香剪成 4 厘米左右的段狀。鳳尾魚切成小段。

② 融化豬油，均勻地塗抹在羊腿表面。

③ 焗爐以 240°C 預熱。

④ 用尖刀在羊腿腱子肉之間的縫隙扎幾個孔，把刀尖轉一轉，擴大孔洞。在每一個洞裡插入一片大蒜、一段迷迭香和一段鳳尾魚。表面撒少許鹽和黑胡椒粉。

⑤ 取一個深焗盤，把洋蔥放入焗盤，羊腿放在焗盤的鋼架上，放進焗爐焗 15 至 20 分鐘，每隔 5 分鐘羊腿翻面。這樣羊腿表面會呈微焦狀態，鎖住肉汁。

⑥ 把焗爐溫度調低到 170°C，焗約 1.5 小時。如果用叉子插入，流出粉紅色的汁液，而不是紅色，就是 5 成熟。如果流出透明的液體，則是全熟。而焗 1.5 小時，就接近全熟。

⑦ 焗好的羊腿需在室溫靜置 20 至 30 分鐘，讓肉汁回流到肌肉組織中，使肉鮮嫩多汁。

⑧ 焗盤裡倒入高湯，在爐灶上以小火煮開，把焗盤上的褐色部分輕輕刮下來，這裡面蘊藏著許多風味。麵粉用少許冷水化開，倒入湯汁中攪拌均勻，增加稠度。加鹽和黑胡椒粉調味。把肉汁過濾，倒進帶嘴的容器。

⑨ 羊腿切片，可配薯蓉，澆上肉汁，佐以上好的紅酒。

印尼炒飯

7月17日

多雲　20°C

據說，在英國人最痛恨的鳥類中，鴿子和喜鵲排頭兩位。前者是不折不扣的貪吃鬼，後者是霸道的地痞黑幫。其實，鴿子性情溫順，慢條斯理地在園子裡巡邏，跌落在地的食物被牠吃得一乾二淨，對避免鼠患很有功勞。牠在房頂的「咕咕」聲也成了夜晚伴我入睡的催眠曲。喜鵲雖然吵鬧，但是非常聰明，牠們在草地上跳來跳去，羽翼中的深藍色長羽閃著亮光，像精明的老闆背著手在檢查工作。

松鼠照例每天造訪餵食台，吃花生。有時候吃完花生，還會舉著毛茸茸的大尾巴在玻璃房的門外徘徊，扒著玻璃門向屋裡張望。每到這時，我就會憐惜這可愛的小東西，再給牠一把花生。於是牠在我面前坐下來，雙手捧著花生，不緊不慢地吃起來。

看著牠美滋滋地用餐，我想起自己以前在酒店裡常常如此投入地大吃印尼炒飯。在酒店常住的那些日子，上班地點很遠，要在路上奔波差不多一小時才能到住處。坐在餐廳吃晚飯時，通常是疲勞得沒胃口，或者是已吃膩了餐牌上的所有料理，但是印尼炒飯總能不負期望，把我的胃填滿，為疲憊的身軀注入生機。西餐廳的印尼炒飯配意大利蔬菜湯是我的最愛。

炒飯是最普通不過的亞洲料理，通常同雞蛋一起炒，叫蛋炒飯。然而，蛋的加入也有不同的方式。簡單的，可以把蛋打散，先炒熟，再加入快熟的炒飯中。講究一點的，是一種叫「黃金炒飯」的，把蛋清和蛋黃分離，把蛋黃攪拌進米飯中，顆顆米粒都裹上蛋黃後，下鍋炒成金黃色。這黃金炒飯，雖然做來比較麻煩，但是蛋香濃，粒粒分明，是炒飯中的佳品。

中餐的炒飯五花八門，有揚州炒飯、福建炒飯、咖喱炒飯、泡菜炒飯等等。炒飯在於創意，只要能想出來的，就能炒一碟。香港茶餐廳有一種「西炒飯」，其實就是加了茄汁的紅彤彤的番茄炒飯。然而，「西炒飯」並非來自西方，究其名字的由來，大概是因為番茄源自西方，所以港英時期的香港人稱之為「西炒飯」。有人說，論炒飯，印尼炒飯當排第一。印尼炒飯的印尼語是 nasi goreng，nasi 是飯，goreng 是炒、炸的意思。這種炒飯在印尼、馬來西亞及周邊的東南亞國家很普遍。做法也各有千秋。炒飯的配料更是五花八門，有蝦仁和貝類等海鮮，或者雞肉、豬肉等。但印尼炒飯的精華是那種高調的香辣，以及繚繞在口腔中，隱隱的酸甜回味。

印尼炒飯適合西方人口味，所以在西方國家的超市很容易買到製作印尼炒飯的醬料。有了地道的醬料，只需 10 分鐘，就有一碟熱氣騰騰、香辣惹味的印尼炒飯，何樂而不為呢。

インドネシアのチャーハン即尼炒飯 NASI GORENG インドネシアのチャーハン即尼炒飯 NASI GORENG イ

印尼炒飯

Nasi Goreng

份量

- 4 人

材料

- 絲苗米飯：4 碗
- 印尼炒飯醬料：100 克
- 雞蛋：3 個
- 豌豆：60 克
- 洋蔥：半個
- 橄欖油：適量
- 鹽：少許
- 白胡椒粉：少許

① 洋蔥切粒，雞蛋打散。

② 在不黏鍋中，放橄欖油，炒雞蛋，取出待用。

③ 再放少許橄欖油，炒香洋蔥，加入印尼炒飯醬料，炒香。

④ 倒入米飯，炒散，旺火快炒 2 至 3 分鐘，加入豌豆和雞蛋，
加鹽和白胡椒粉調味，翻炒幾下就好了。

香辣多汁煎雞胸

7月19日
晴 17°C

如此一個涼爽的艷陽天是英國夏天的最真實寫照。早上跑步去附近的公園，一路上人少車也少，偶爾碰到有遛狗的，通常是一個人帶兩三隻狗，真是狗比人多。然而，公園裡的草坪上卻已經有一幫小朋友在練習踢足球了，奔跑在翠綠草坪上的孩子們讓這幅靜謐的風景畫鮮活起來。

自從「封城」以來，有閒暇的人多了起來，然而真正有閒心的人其實不多。「閒暇」是指個人不受其他條件限制，完全根據自己的意願去利用的時間。「閒心」是指閒適的心情。二者雖有關係，卻完全是兩回事。有閒暇的人不一定有閒心，有閒心的人不一定有閒暇。有閒暇又有閒心的人是「魚肉」和「熊掌」皆得的幸運人士。

「閒暇」頗受外界影響，自己難以控制。比如，辛勞的上班族，日復一日，營營役役，「閒暇」難得。若是孩子還小的，或要照顧老小的，更是難覓「閒暇」。而退休人士或財務自由的人們，能真正利用好閒暇時間、有閒心的人不多。所以，人們常常墮入有閒暇沒閒心，有閒心沒閒暇的怪圈中。

「閒心」與「閒暇」最不同的是，人們可以完全掌控前者。忙碌的人，只要有「閒心」也可以忙裡偷閒地找一番樂子。閒心，顧名思義，全在一個「心」。只要有廣泛的志趣，能靜下心來觀察身邊的微小事物，做想做的事，就能從閒暇中得到快樂。反之，如果沒有閒心，那麼閒暇就是地獄。

一個真正自由的人，拿叔本華的話來說，是能夠在每天清晨傲然自語：「這一天是我的」。這種自由人，如果他能滿心期待這真正屬於自己的一天，晚上睡覺的時候還能面露微笑，滿心歡喜地進入夢鄉，那麼他才是最幸運的。亞里士多德說過：「幸福存在於閒暇中」。蘇格拉底也視閒暇為所有財富中最美好的，並認為天生有才華的人，最大的幸福就是能夠有時間運用這些才華。

世間大多數人生來就註定要以勞頓一生，來換取自己和家人的生存需要，成為痛苦掙扎和精神困乏的俗人。所以這些人厭倦閒暇，總要為了什麼目標而忙碌，一旦閒下來就急於找些事情做，閒暇是他們的負擔。

叔本華說人類兩大苦源是痛苦與厭倦。一個真正自由的人擁有寧靜無擾的閒暇，如果恰巧還有一份閒心和智慧，那麼他就是個幸運兒，能夠擺脫痛苦與厭倦的糾纏，過高品質的生活。

哲學問題討論起來總是沒完沒了，最實際的還是把肚子填飽，滿足最基本的生理慾望。英國超市有很多鹹肉，除了煙肉之外，還有鹽浸排骨和鹽浸豬腿。用醃肉和新鮮豬肉一起煲湯，有些像上海的醃篤鮮，味道特別鮮。醃鹹的豬手煲湯後，肉質比鮮肉更柔嫩，而且略帶鹹味，非常可口。

鹽浸肉好吃，是因為鹽能增加蛋白質保持水分的能力。飽含更多水分的蛋白質結構膨脹，肉質更柔嫩多汁，還有鹽的調味，所以特別好吃。

有些人可能會迷惑不解，鹽不是能吸乾水分嗎？怎麼又變成能保持水分了呢？其實，鹽水浸泡與抹鹽不同。鹽水與乾燥的鹽對食物的影響也不一樣。滲透作用的發生是因為細胞膜兩側的水量不同。鹽水浸泡時，細胞外面的水比細胞裡面多，所以可以迫使水進入到肉裡。若是抹鹽，乾燥的鹽覆蓋高含水量的食物，食物表面的一部分鹽被溶解，形成一層濃度極高的鹽溶液，其含水比例比細胞低很多，這樣細胞裡的水分子比外面多，水分就被吸走了。

烹飪時容易變乾、變硬的肉類，比如雞胸肉和瘦豬肉，最適合先用鹽浸。通常用含鹽量 5% 的鹽水泡。豬肉可以在冰箱冷藏泡過夜，雞胸則泡兩個小時就好了。鹽浸的時候也可以放些薑片、八角和花椒，使肉吸收更多的香味。

用這個方法製作的雞胸肉，柔嫩多汁，鮮美異常。冷卻的雞胸可以切片做雞肉三文治。浸泡好的雞肉也可以分成小塊冷凍起來，到要吃的時候才煎熟，非常方便。

SPICY BRINED CHICKEN BREAST 香辣多汁煎雞胸

香辣多汁煎雞胸

Spicy Brined Chicken Breast

份量

- 4 人份

材料

- 雞胸肉：750 克
- 含鹽量 5% 鹽水：適量
- 八角：2 個
- 薑：3 片
- 花椒：一小把
- 印尼炒飯醬料：適量
- 牛油：30 克

① 雞胸肉放入有香料的鹽水中浸泡 2 小時，鹽水以能沒過雞肉
　　為準。

② 鹽浸過的雞胸再用自己喜歡的醬料，比如咖喱醬、甜辣醬等
　　醃製 1 小時。我這次用了印尼炒飯醬料醃製。

③ 取一個平底鍋，融化牛油，以中火把雞肉的各面都煎到金黃
　　色。轉小火，慢煎至熟透。至於煎多長時間，要視乎雞胸的
　　大小。熟了的雞胸，用叉扎一下，流出的液體是透明的。

④ 趁熱食用。剩下的，切片做雞肉三文治，一流。

酸酵頭

7月20日
晴 18°C

世界上最古老的麵包可以追溯到 1.45 萬年前，一組歐洲研究人員在約旦東北部沙漠的一個石爐裡發現了麵包化石殘留物。這表明，東地中海地區的漁民早在人類發展農業之前就開始焗麵包。在商業酵母於 20 世紀問世以前，麵糰的膨脹大都是通過酸酵頭和緩慢發酵來實現的。單一的酵頭菌株可以世代留傳。世界上最古老的酸酵頭在加拿大，據說約有 120 年的歷史。

所謂酸酵頭就是酸麵包的發酵劑，只需用水和麵粉製成。酸酵頭添加到製作麵包的麵糰中，能起到發酵媒介的作用。酸母菌刺激二氧化碳的產生，使麵糰膨脹，使它具有蓬鬆的質地。乳酸還賦予麵粉一種刺激的味道，分解麵粉中的麩皮和澱粉，這有助於產生麵筋，使麵包更有令人滿足的嚼勁。

科學研究表明，酸麵糰比商業白麵包的升糖指數低，對消化系統更友好，也更有營養。酸酵頭裡的乳酸還能阻止黴菌，使麵

包能保存更長時間。長時間緩慢發酵製成的麵包，口味和質地均令人讚歎，而且具有非凡的保健功能。酸麵包的低升糖指數有助於調節血糖，也更容易被身體消化吸收。

喝茶的人最終都會愛上普洱茶，焗麵包的人最終都想焗出屬於自己的酸麵包。其實，酸酵頭並不陌生。小時候，沒有乾酵母，媽媽發麵蒸饅頭時就靠「老麵」來發酵。每次發麵完畢，她都留一塊「老麵」以備日後發麵使用。但饅頭的「老麵」用量少，而且需加食用鹼來中和酸味，所以老麵饅頭並不酸，且其質地細膩，香醇可口，大大勝過用乾酵母發麵的饅頭。

哈爾濱秋林百貨有一種麵包叫「大列巴」，就是俄羅斯配方的酸麵包。大列巴切片，塗上牛油和果醬，味道一流。在西方，酸麵包很流行。我家附近的一個麵包房的酸麵包很出名，要買到酸麵包，須掌握酸麵包出爐的時間，提前去店裡等候，才能買到。在家自己焗酸麵包是喜愛烘焙人士的終極挑戰。

想焗酸麵包，需先做酸酵頭。我們的祖先大抵是偶然發現麵粉發酵的秘密。他們可能不小心把製作扁麵包的麵糊放過夜，結果第二天早晨卻發現它正在冒泡。雖然，製作酸酵頭只需要水、麵粉和時間，非常簡單。然而，你需要定時用麵粉和水來「餵養」，保持酵母的活性，看著自己「餵養」的酵母快樂地吐著泡泡，好玩又有成就感。

酸酵頭

Sourdough Starter

份量

- 約 450 克

材料

- 全麥麵粉：400 克
- 溫水（30℃ 至 35℃）：400 毫升

用具

- 1 公升玻璃瓶

備註：製作和餵養酵頭時間均為早上。

① 第一天：將 50 克麵粉和 50 毫升溫水攪拌均勻。放入玻璃瓶中，不蓋瓶蓋放置 2 小時，之後鬆鬆地蓋上蓋子，放置溫暖處 24 小時。因為要先捕捉空氣中的野生酵母，而且酵母發酵也需要空氣。

② 第二天：加入 50 克麵粉和 50 毫升溫水攪拌均勻。不蓋瓶蓋放置 2 小時後鬆鬆地蓋上蓋子，放置在溫暖處 24 小時。

③ 第三天：加入 100 克麵粉和 100 毫升溫水攪拌均勻。不蓋瓶蓋放置 2 小時，之後鬆鬆地蓋上蓋子，放置在溫暖處 24 小時。

④ 第四天：只留下 50 克酵頭，並入 50 克麵粉和 50 毫升溫水。其餘部分可以保存起來。不蓋瓶蓋放置 2 小時，之後鬆鬆地蓋上蓋子，放置在溫暖處 24 小時。

⑤ 第五天：加入 150 克麵粉和 150 毫升溫水攪拌均勻。不蓋瓶蓋放置 2 小時，之後鬆鬆地蓋上蓋子，放置在溫暖處 8 小時。8 小時後就可以開始製作麵包主麵糰了。

酸酵頭喜歡溫和的氣溫，不太冷也不太熱，大約 22°C 至 30°C。每天早上餵酵頭的時候，酵頭的活性會在 8 小時後達到高峰。第三天開始，酵頭發出一種類似水果香氣的發酵味道，開始逐漸變酸。酵頭活性達到峰值時，整體變得稀薄，有大量氣泡。第五天的傍晚，酵頭就可以被用來製作酸麵包了。這時候的酵頭很酸，有強烈的酒香味。如果不確定酵頭是否已經好了，可以取出如黃豆粒大小的一塊，放進水中，如果浮起來，就表示好了。

剩下的酵頭可以放進冰箱保存，一周餵養一次（參考第四天的方法和比例）。到要用的時候，提前 24 小時從冰箱取出餵養。多餘的酵頭可以用來烤餅，如做薄煎餅、鬆餅等。

法國鄉村麵包

7月28日

小雨　17°C

法國的麵包歷史與法國大革命有關，據說由麵包短缺造成的「麵包暴亂」就是法國大革命的導火線之一。吃白麵包還是黑麵包，曾經是歐洲明顯的社會階級劃分標準。在現代農業技術出現之前，只有皇室貴族才吃得起以小麥製作的白麵包，窮人只能吃黑麵包。

《悲慘世界》（*Les Misérables*）中的主角冉阿讓因為偷麵包而被判刑 19 年。那個酷寒的冬天，冉阿讓沒有工作，家裡沒有麵包，一點食物都沒有，卻有 7 個嗷嗷待哺的孩子。雨果小說中的法國麵包並不是法棍麵包，因為 baguette 這個名詞在 19 世紀 20 年代才出現。冉阿讓偷的是一種又圓又大的麵包，叫做「鄉村麵包」。

法國鄉村麵包，又叫法式酸麵包，是超大的圓麵包。傳統鄉村麵包的原料是白麵粉、全麥麵粉或裸麥麵粉、天然酸酵頭、水和鹽。以前法國村落裡都有公共土窯供村民烘焙自己做的麵包。麵包重量從 1.5 公斤到 5.5 公斤，焗一次夠一家人吃幾天，甚至幾星期。現在，在一些國家的農村地區，還有這種公共焗爐。人們在自己做的麵糰上用刀割出獨特的花紋用以區分。古時的鄉村烘焙日，人們紛紛拿著自己的麵糰聚集在公共土窯附近，在焗麵包的香氣中聊天，也是一項令人愉悅的社交活動。

商業乾酵母在 20 世紀開始流行，吃白麵包的人越來越多，以全麥或燕麥製作的鄉村麵包逐漸被法棍代替。然而到了 1970 年代，人們開始青睞手工麵包，認為全麥或雜穀製作的麵包更健康，於是法國鄉村麵包開始在歐美流行。在現在的美國和英國，很多人仍喜愛風味樸實、口感豐富的法國鄉村麵包。傳統的做法是以長時間的緩慢發酵，使酵母逐漸形成豐富的味道。整理好的麵糰被放進圓形的藤籃中二次發酵，從而形成一圈圈的獨特條紋。發酵好的麵糰從藤籃中倒出，在 240°C 的高溫下烘焗 1 小時左右，形成表皮焦脆、麥香十足的鄉村麵包。

之前做的酸酵頭經過了 4 天的餵養，今天早上我再次餵了它麵粉和水，經過 8 個小時，玻璃瓶裡的酵母歡快地冒著泡泡，散發出濃烈的酒香。

法國鄉村麵包

Pain De Campagne

份量

- 2 個

材料

- 白麵粉：740 克
- 全麥麵粉：60 克
- 溫水（35℃）：620 毫升
- 鹽：21 克
- 乾酵母：2 克
- 酸酵頭：360 克

① 早上最後一次餵酸酵頭後，將其放在溫暖的室溫環境下，8 小時之後酵母菌最活躍。下午 4 點左右，開始製作主麵糰。

② 把白麵粉、全麥麵粉和溫水充分混合，醒麵 30 分鐘。

③ 把乾酵母和鹽均勻地撒在麵糰上，加入酸酵頭。用反復掐斷和摺疊的手法處理麵糰，使所有材料充分混合。加蓋，開始第一次發酵。

④ 在首 1.5 小時裡，每 30 分鐘摺疊一次麵糰。

⑤ 大約 5 小時後，麵糰脹到兩倍大，第一次發酵就完成了。

⑥ 麵板上撒大量乾麵粉（白麵粉或全麥麵粉均可），把麵糰轉移到麵板，分成兩份。取其中一份摺疊 3 次，然後光面向上，雙手環繞麵糰，兩個小手指緊貼麵糰底部，把麵糰拉向身體，重複幾次，收緊麵糰。

⑦ 然後光面向下，放入撒了乾麵粉的藤籃中，進行第二次室溫發酵。

⑧ 鑄鐵鍋放入焗爐，以 240°C 預熱 45 分鐘。

⑨ 小心地把二次發酵好的麵糰倒在麵板上，可以用刀割幾下，迅速轉移其中一個麵糰到鑄鐵鍋內。另外一個麵糰可以暫時放入冰箱保存。

⑩ 鑄鐵鍋放入焗爐，焗 30 分鐘後，開蓋繼續焗 15 分鐘，至表皮咖啡色呈咖啡色。

⑪ 第一個麵包烤好後，鑄鐵鍋再入烤箱預熱 15 分鐘，從冰箱取出第二個麵糰焗烤即可。

芝麻花生糯米糍

7 月 31 日
晴　30°C

今天是今年入夏以來最熱的一天，倫敦南部地區達到 37°C。花園裡的大理花開得如火如荼。其中有一株是今年新買的，花朵大得驚人，外部的花瓣呈金黃色，內部的花瓣是明黃色，金燦燦的，儼然是帶著皇冠的眾花之王。

以前在上海的時候，喜歡吃青糰。有一次去同里水鄉遊玩，古鎮老街有賣剛出鍋的青糰，於是買來吃。那青糰油綠如玉，入口糯韌綿軟，滿口的艾草清香和豆沙香甜，好吃得很。後來懷了老二，越發愛吃甜而不膩的青糰。辦公室樓下有個便利店，每天早上都有新鮮的青糰到貨。於是每天工作到 11 點，我必定會去買兩個。身懷六甲，經常肚子餓，能在忙碌的早上，吃上一口美味的青糰，那種滿足感至今難忘。現在每到 4 月，看

見微信朋友圈裡上海的朋友曬青糰，我還是會饞得直吞口水。

後來在香港，經常吃糯米糍。糯米糍又稱狀元糍，是流行於廣東、香港和台灣地區的小吃。相傳南宋慶元二年，有個叫鄒應龍的考生赴京趕考。村裡家家戶戶送上糍粑供他路上吃，預祝他金榜題名。一路上以糍粑和泉水充飢的鄒應龍，經過長途跋涉到了京都。才華出眾的他，在殿試中對答如流，皇帝御筆親點他狀元及第。他把家鄉帶來的糍粑呈獻給皇上品嚐，皇上讚不絕口，賜名「狀元糍」。

迄今為止，我吃到最好吃的糯米糍當屬香港南丫島的芒果糯米糍。南丫島入島處有一個路邊小店，專賣糯米糍和老婆餅。一枚枚橢圓形的芒果糯米糍，兩頭露出金黃色的芒果，一入口，驚為天人。軟糯而有嚼勁的糯米皮包裹著酸甜多汁的芒果，最妙的是糯米皮冰涼的口感，那是炎炎夏日的一劑醒神佳品，把暑氣與疲憊一掃而光。這種糯米糍在香港的離島很盛行，比如在長洲，這個麥兜心中的馬爾代夫，糯米糍與大魚蛋並列為島上必吃的特色小食。

糯米糍與日本的麻糬相似，但糯米糍比麻糬水分多，口感軟一些。餡料有豆沙、蓮蓉和花生；也有比較特別的餡料，比如芝士、抹茶、草莓、芒果和榴槤等。

芝麻花生糯米糍 GLUTINOUS RICE BALL も ち米 芝麻花生糯米糍 GLUTINOUS RICE BALL も ち米 GLUTINOUS RICE BALL も ち米糍 芝麻花生糯米糍 GLUTINOUS RICE BALL も ち米糍 芝麻花生糯米糍 GLUTI BALL も ち米糍 芝麻花生糯米糍 GLUTI

芝麻花生糯米糍

Glutinous Rice Ball

份量

- 25 個

材料

- 糯米粉：250 克
- 生粉：50 克
- 糖：60 克
- 椰奶：400 毫升
- 無鹽牛油：40 克

- 白糖：20 克
- 熟花生：100 克
- 熟芝麻：10 克
- 雪白加工粉：40 克

① 糯米粉、生粉和糖加入椰奶中，攪拌均勻至無顆粒。

② 牛油隔水融化，加入粉漿中，攪拌均勻。

③ 取一大淺盤，塗上少許無鹽牛油，倒入粉漿。把盤子上下抖動幾下，震動出大氣泡。

④ 取蒸鍋，水滾後把粉漿蒸 25 分鐘至熟透。冷卻待用。

⑤ 花生切碎與芝麻、白糖混合，作為餡料。

⑥ 雙手沾少許油，防止糯米糰黏手。用手揪一團乒乓球大小的糯米糰，整理成圓形薄片，放入一小勺花生芝麻餡，然後像包包子一樣收口，確保餡料不外露。滾上雪白加工粉，就好了。

做好的糯米糍最好當天吃完，如果隔夜變硬，入微波爐加熱 10 至 20 秒就又恢復彈性了。

AUG

U

S

T

8 月的英文名是根據古羅馬帝國開國皇帝奧古斯都（Augustus）的名字命名的。拉丁文 Augustus 是神聖、至尊的意思。凱撒死後，繼任的羅馬皇帝奧古斯都為了和凱撒齊名，也想用自己的名字來命名一個月份。他出生於 9 月，之所以選定用自己的尊號命名 8 月，是因為奧古斯都在 8 月的戰績顯赫，例如征服埃及。原本 8 月比 7 月少一天，但為了和凱撒平起平坐，就決定從 2 月抽出一天加在 8 月上。

英國的 8 月是夏天的結尾。眾多漿果開始成熟，是採摘野生的黑莓和接骨木果製作果醬的好時節。

8 月的最後一天：暑期公眾假期

炸釀翠玉瓜花

8月6日
晴　23°C

8月是成熟的季節，瓜果蔬菜都有了收成。黃色的翠玉瓜長勢
強勁，收穫豐厚堪比番茄。翠玉瓜，中國北方叫西葫蘆，淺綠
色，有些個頭很大。英國的翠玉瓜顏色深綠，長約手掌，皮嫩
瓜脆，味道清甜，比亞洲的好吃。在英國，翠玉瓜是自家花園
的常種蔬菜，容易成活，產量大。據說，10厘米長的翠玉瓜味
道最鮮甜。這樣小的翠玉瓜在超市買不到，只有在比較高檔的
餐廳才能吃到。而自己種瓜的好處就是能隨心所欲地控制瓜的
大小，喜歡大的就讓瓜兒們多長幾天，喜歡嫩的就早點採摘。
其實，最妙的不是瓜，而是花。翠玉瓜的花用來配芝士和肉
類，是難得的美味。

講到食花，中國的魯菜有桂花丸子，川菜有菊花肉片，每年4
月日本有著名的櫻花料理。歐洲人食花，翠玉瓜花排頭位。

翠玉瓜花碩大金黃，開放的時候花比瓜大。因為花只在早上開放，到中午時分就開始凋謝，所以，採花的最佳時機是早上花盛開的時候。然而，其花瓣極其脆弱，最好採下來後馬上烹飪。如果需要運送，那麼要保證花朵新鮮，不被壓壞，這是一項非常艱巨的任務。如此這般，非要到比較有質素的餐廳方能吃到這道料理。

釀翠玉瓜花以多款芝士和肉類作餡料，可以組合出風味各異的美味頭盤。炸好的翠玉瓜花麵皮薄如蟬翼，金色花瓣隱約可見，在嫩綠的花萼襯托下，纖纖盈盈，讓人眼前一亮。一口咬下去，麵皮在齒間酥脆開來，裡面的小香腸爆出肉汁，與柔軟的芝士混合，鮮甜的滋味在口中瀰漫。清透的麵皮和柔嫩的花瓣恰到好處地保存了餡料的味道，又將其與外界的油溫隔離，毫無油膩感，是西方天婦羅的極致。

這道料理的靈感來自法國米芝蓮三星主廚 Alain Passard。他把經營了 15 年的米芝蓮三星餐廳改為素食餐廳，還買下一個農場，自己種植蔬菜。每天早上，各種各樣最上乘的蔬菜原料會被送到他的素食餐廳。他會仔細查看每一樣食材，思考當天的菜式組合，每天都不一樣。在這個季節，早上收到的食材中，有一樣食材特別搶眼，它們被小心地放置在長方形淺木盤中，在運輸的途中受到特別的照顧，以確保完好無損。這就是翠玉瓜花。

認識蔬菜、發現烹飪蔬菜的新方法是時下流行的趨勢。有些植物，我們可能從來就沒想過它竟然可以食用，更想不到它居然如此美味。自從在園子裡開始種植蔬菜，我才真真切切地品嚐到新鮮採摘的蔬果的美味。從青瓜、紅蘿蔔、番茄、馬鈴薯到薄荷、百里香，我像一個剛會咀嚼固體食物的嬰兒，每一口的味道都是新鮮的，認識也是新鮮的。

炸釀翠玉瓜花

Deep Fry Stuffed Courgette Flowers

份量

- 2 人

材料

- 翠玉瓜花：4 朵
- 熱狗腸：1 根
- 莫扎瑞拉芝士：少許

麵糊：

- 自發粉：40 克
- 生粉：10 克
- 冷水：60 毫升
- 蛋黃醬：20 克

① 翠玉瓜花最好選擇公花，需於上午其盛開的時候採摘。用剪刀減去花蕊。這時候的花處於開放狀態，比較容易處理。

② 熱狗腸切成 4 段，每一朵花中放入一段，加適量的芝士。餡料的量要適中，太多會漏出來，如果芝士在油炸的時候漏出來，會發生爆油。

③ 將麵糊材料混合，用冷水，簡單攪拌即可。

④ 把釀好的花在乾麵粉中滾一下，然後沾麵糊。用手拿住花柄，動作要輕柔。

⑤ 油鍋下足夠多的油，油溫達 180°C 時下鍋炸。不要一次炸太多，如果鍋子不大就每次炸一個。每炸完一個，把脫落在鍋中的麵糊撈乾淨。

炸釀翠玉瓜花的油我選用芥花籽油，這種油的冒煙點比較高，而且飽和脂肪低，炸物特別清爽酥脆，不油膩。

肉皮凍

8 月 10 日
晴　25°C

今天又是一個大晴天，雖然室外只有 25 °C，但玻璃房裡卻悶
熱難耐。於是敞開大門，把天花風扇打開，一陣涼風吹進來，
才靜下心來泡茶。

玻璃屋外是 8 月的花園，正在一年裡最絢爛多姿的季節。大理
花的花莖竄得老高，碩大的花朵迎著太陽隨風搖曳。有金黃、
純白、淡紫、深紫、大紅和水粉色等等；有的呈圓球形似蜂
窩，有的花瓣纖細像銀絲菊花；有的鑲白邊，有的顏色從邊緣
向花蕊逐漸變淺，有的則是從裡向外地漸變。去年扦插的那棵
桃粉色玫瑰忽然長到一人多高，傲然挺立，一個花冠頂著 6 朵
花，變成一個大花球，出盡了風頭。

前院的繡球花也開得熱熱鬧鬧，圓滾滾的花球擠在一起，一簇
玫紅、一片幽藍，兩叢花的中間地帶是夢幻的藍紫色。如果你
只能種一種花，那麼就選擇繡球花吧。不但花期長，容易種

像菊花的大理花。

植，還抗寒。最妙的是可以按照自己的喜好調節花的顏色，繡球花有「酸藍鹼紅」的特性，它通常開紅色花朵，如果喜歡純藍色的花朵可在繡球花花蕾形成前，每 10 天用酸性肥料灌根一次，如果喜歡夢幻的藍紫色就等繡球花開始出現粉色後再施加酸性肥料。喜歡喝咖啡的朋友還可以用咖啡渣澆灌繡球花，咖啡屬酸性，繡球花會變成藍色。

這樣熱的天氣，很想吃肉皮凍，想念那冰涼爽滑、彈性十足的口感和它的晶瑩剔透。據說，肉皮凍是滿族人的一大發明，雖然未能考察到明確史料，但其是東北下酒特色名菜是毋庸置疑的。東北的肉皮凍分清凍和混凍，清凍不加醬油，做出來清亮晶瑩，吃的時候切片澆上蒜蓉辣椒醬汁；混凍是加了醬油的肉皮凍，顏色比較深，本身有鹹味。肉皮凍含有豐富的膠原蛋白，是美容佳品。

爸爸最喜歡肉皮凍。過年過節，餐桌上總少不了一碟晶瑩剔透的肉皮凍。那時候，肉皮凍是在封閉的陽台上冷卻的，因為天氣太冷，表面還會有一層冰花。大魚大肉吃膩了，就吃肉皮凍來解膩。爸爸總說：「這個好，對皮膚好。」

西方也有類似的美食，比如肉凍，是用帶皮的肉做的，與我們的肉皮凍異曲同工。普魯斯特在《追憶似水年華》裡回憶女廚工佛朗索瓦絲的拿手好菜「紅蘿蔔牛肉凍」，把女廚工比喻成米開朗基羅，說她全心全意地購買上好食材就好像米開朗基羅選購優質的大理石。他寫到：「紅蘿蔔牛肉凍出現了，在我們家『米開朗基羅』的創造下，牛肉躺在像晶瑩剔透的石英一般的大塊凍汁晶體之上。」這道牛肉凍獲得了賓主的盛讚。事實上，弗朗索瓦絲不過是用了最簡單的食材，運用古老的烹飪方法，做出了造型美觀、味道絕妙的牛肉凍。

如此這般回味，更激起了我的製作慾望。於是找出冷凍櫃裡的豬皮，取出解凍。這些豬皮是我買豬手後剔下來的，已經在水裡煮熟過，並把所有脂肪切掉刮乾淨，這一步非常重要，是保證肉皮凍通透的關鍵。做好的肉皮凍切成方塊，撒上蔥花、蒜泥、芫荽、辣椒和醬油，輕輕拌一拌，就可以上桌了。好的肉皮凍顫巍巍地，清爽有韌性，一口一塊，「刺溜」一下，滑進肚裡，好像整個胃都涼了一下，就是這個味道。

PORK SKIN JELLY 肉ゼリー肉皮凍 PORK SKIN JELLY 肉ゼリー肉皮凍
SKIN JELLY 肉ゼリー肉皮凍 PORK SKIN JELLY 肉ゼリー肉皮凍
肉ゼリー肉皮凍 PORK SKIN JELLY 肉ゼリー肉皮凍
PORK SKIN JELLY 肉ゼリー肉皮凍 POR

肉皮凍

Pork Skin Jelly

份量
- 4人

材料
- 豬肉皮：3塊（10厘米見方）
- 冷水：適量

① 豬肉皮煮開，洗淨。剔去豬油和筋，一定要剔乾淨。豬皮只剩下薄薄的一層。切小粒。切得越小越好，有利於膠原蛋白的釋出。

② 取一個不銹鋼容器，放入肉皮，加冷水。肉皮和水的比例約為 1:3。這個比例一定要掌握好，水太多，不容易成型；水太少，肉皮凍過於緊實也不好。

③ 放進壓力鍋，蒸 20 分鐘。取出冷卻後，放入冰箱冷藏。第二天就可以吃了。

④ 肉皮凍切塊，放入大碗中。加入適量的鹽、醬油、糖、醋、蒜蓉和蔥花，稍微攪拌，即可。

瑞典肉丸焗螺絲粉

8 月 13 日

雨轉晴　28°C

英國最近一周持續高溫，倫敦連續 6 天氣溫超過 34°C，希思
羅機場創下了 17 年來的最高溫 36.4°C。這似乎才有點夏天的
感覺，然而今早起來一開窗，潮濕涼爽的空氣迎面撲來，原
來昨晚下了一場大雨。氣象局對英國大部分地區都發佈了黃色
雷暴預警，表示英國有些地區兩個小時的降雨量可能相當於平
時一個多月的降雨量，洪水可能會導致交通中斷和斷水斷電。
持續不斷的高溫伴隨著洪水令人擔憂，英國高於 35°C 的天氣
很罕見，更別說連續一周高溫，這大概是全球氣候變化導致的
結果。好在我居住在英格蘭偏北部，並不覺得如何熱。趁天氣

好，驅車去宜家傢俬逛逛。

每一次去宜家購物都要吃一頓瑞典肉丸。據說，宜家平均每天在全球賣出 200 萬個肉丸，小小的丸子成為宜家最強大的推銷員。宜家的創始人認為人們不應該餓著肚子逛商店，便於 1980 年代在宜家推出價廉味美，極具斯堪地那維亞風味的瑞典肉丸。瑞典肉丸以牛絞肉和豬絞肉為原料，配薯蓉或炸薯條，佐北歐風味的小紅莓果醬。

食材越是簡單，越能造就美味的食品，瑞典肉丸就是簡單美味的典範。製作瑞典肉丸的主要食材是肉，只要選擇品質上乘的肉類，就成功了一大半。肉丸好吃的關鍵是多汁彈牙，最好選用一半牛肉一半豬肉，還要肥瘦適中。豬肉和牛肉我都選用脂肪含量在 12% 至 20% 的絞肉。

宜家店裡的的肉丸餐配自家製肉汁和馬鈴薯。我則喜歡配螺絲粉、茄汁和芝士，放入焗爐焗烤，融化的芝士和肉丸挑動人的食慾，配酸甜的茄汁，醒胃解膩。肉丸可以一次多做一些，放入冰箱冷凍，想吃的時候很方便。

打算逛街的日子，為了避免逛街回家又累又餓，還要忙著煮晚餐，我早上出門前把螺絲粉、肉丸和醬汁裝在焗盤裡，放入冰箱。晚上回家只要把焗盤放入焗爐焗烤就好了。焗爐在運作時，我就花 10 分鐘拌個蔬菜沙律，然後就一邊喝茶，一邊坐等晚餐。

瑞典肉丸焗螺絲粉 SWEDISH MEATBALLS WITH FUSILLI

瑞典肉丸焗螺絲粉

Swedish Meatballs With Fusilli

份量

- 4 人

材料

肉丸：

- 豬絞肉：100 克
- 牛絞肉：300 克
- 雞蛋：1 個
- 洋蔥（切粒）：半個
- 麵包糠：85 克
- 牛油：1 湯匙
- 橄欖油：少許
- 鹽：少許
- 黑胡椒粉：少許

醬汁：

- 罐裝碎番茄：400 克
- 茄膏：1 湯匙
- 洋蔥：半個
- 蒜蓉：2 瓣
- 西芹：50 克
- 紅蘿蔔：半個
- 鹽：少許

- 糖：少許
- 牛油：1 湯匙

螺絲粉

- 莫扎瑞拉芝士碎：250 克
- 意大利螺絲粉：400 克
- 鹽：24 克

用具

- 約 27 厘米 × 22 厘米深焗盤

① 把豬肉、牛肉和所有配料混合，用手抓勻，攪拌出黏性，搓成直徑 2 厘米左右的肉丸。麵包糠是肉丸多汁有彈性的關鍵配料。絞肉中加入麵包糠，製作時麵包糠吸收多餘水分，肉丸容易成型。油炸時，麵包糠最先熟，形成固態隔絕層，牢牢鎖住肉汁。

② 平底鍋下牛油和橄欖油，油熱下肉丸，經常翻動肉丸，使肉丸均勻受熱，中小火煎熟。如果不介意油炸，可以多放些油，炸肉丸比較快。炸好的肉丸，出鍋放在吸油紙上，待用。

③ 準備深鍋，放足夠多的水、24 克鹽。這看起來好像有很多鹽，但其實鹽水都要倒掉，而這樣煮出來的意大利螺絲粉有淡淡的鹹味，口感彈牙。意大利當地人認為煮麵條的水要像地中海的海水那麼鹹。通常每 100 克螺絲粉，放 6 克鹽來煮。請查看包裝上的烹煮時間，比指示的時間少煮兩分鐘，因為一會兒還要放進焗爐焗烤，所以不要煮太軟，影響口感。煮好的螺絲粉瀝乾水分，用冷水沖洗兩遍。

④ 洋蔥、西芹、紅蘿蔔切粒。平底鍋下牛油，融化後放入洋蔥粒炒軟，再放入西芹粒和紅蘿蔔粒，小火翻炒。放茄膏和罐裝番茄，加適量鹽和糖調味，小火煮滾。

⑤ 取深焗盤一個，把螺絲粉與番茄醬汁拌勻，擺上肉丸，並在表面鋪上莫扎瑞拉芝士碎。焗爐預熱至 190℃，焗約 30 分鐘即可。如果從冰箱拿出，延長焗烤時間至 50 分鐘。

和風溫製

百菇沙律

8月20日

晴　22°C

今天秋高氣爽，是中學會考放榜的日子。各大媒體爭相報導考生們領取成績的新聞，少男少女們打開成績單的瞬間被拍攝下來，有人歡喜有人憂。

有人說，孩子最緊要是開心，言下之意，成績好壞並不那麼重要；有人說，讓孩子自由發展，後果也由他們自己承擔。其實，「開心」與成績好並不矛盾；讓孩子自由發展，也與父母的正確引導不相左。我以為，在孩子成長的路上，家長的引導非常重要。養兒育女，與園藝工作很相似。種植果樹時，可以用拉枝變向的方法使果樹改變生長的方向來適應生長環境。有些人家花園空間有限，就把果樹的枝條彎曲固定在圍牆上，久而久之，果樹就沿著圍牆生長，長成果實纍纍的果樹圍牆。有些植物，比如大理花和玫瑰花，花朵又大又重，花季時期整棵植物會東倒西歪，這時就要用支撐桿來扶正，使其繼續向上生

長。如何能夠引導孩子揚長避短，走上一條適合自己的人生道路，父母值得花費一番心思。

有人把蘑菇比喻成青少年，如果不了解其特點，缺乏相應的烹飪技巧，就給你帶來一鍋的麻煩。蘑菇的質地就像海綿，很吸水，如果把蘑菇放在水中浸泡，再放入熱鍋中炒，就會發現蘑菇會釋放出很多水分，搞得一團糟。所以，清潔蘑菇時要注意最好不要用水洗，多褶的部分用小刷子刷乾淨，其他部分用紙巾擦擦即可。如果一定要洗，則要快洗，洗完用廚房紙吸乾水分。

西方有沙律，東方有涼拌菜。很多東方人不喜歡西式的蔬菜沙律，感覺像是在吃草。無論是沙律還是涼拌菜，均以蔬菜和醬汁組成，不喜歡的原因不外乎是蔬菜的選擇和醬汁的問題。西式的蔬菜沙律選用生菜、菠菜、苦苣、羽衣甘藍等。如果不習慣生吃這些葉菜，或者是醬汁不合胃口，不是太濃膩，就是太清淡，那麼不愛蔬菜沙律也就不奇怪了。

然而，日式的和風醬汁，富有東方風味，好吃得很。記得有一次夏天，在東京，朋友請吃飯，一個頭盤「和風蔬菜沙律」就把我俘虜了。柔和的酸與甜，濃濃的芝麻香氣，加上水果的風味，搭配小青瓜和脆生菜，是我吃過最好吃的蔬菜沙律。

其實做沙律除了用綠葉蔬菜外，各色蘑菇也是不錯的選擇。溫熱的蘑菇口感複雜，有鴻禧菇的滑嫩、白蘑菇的細膩和金針菇的韌中有脆；相比之下，冷的蔬菜沙律則格外清新爽脆。所有的口感與風味，在和風醬汁的調和下出奇地和諧。唇齒之間，酸中有甜，鹹中帶鮮，隱身的蘋果和法國芥末醬是幕後的英雄。清涼的夏天，一邊吃著和風百菇沙律，一邊看著窗外的鳥兒在雨中獵食以餵哺小鳥，相信明天會更好。

WAFU MUSHROOM SALAD 和風温製きのこサラダ 和風温製百菇沙律

和風溫製百菇沙律

Wafu Mushroom Salad

份量

- 2 人

- 番茄：1 個
- 蘆筍：3 條
- 洋蔥：少許

材料

和風沙律醬汁：

- 蘋果：1/3 個
- 醬油：3 大匙
- 味醂：3 大匙
- 白醋：1.5 大匙
- 法式芥末醬：2 茶匙

蘑菇：

- 鴻禧菇：1 包
- 金針菇：1 包
- 白蘑菇：5 個
- 牛油：1 大匙
- 鹽：少許
- 黑胡椒粉：少許
- 橄欖油：少許

蔬菜沙律：

- 生菜：3 片

① 蘑菇去根，用廚房紙擦乾淨。生菜撕成幾片，番茄切塊，蘆筍去老皮切段，洋蔥切絲，待用。

② 製作和風沙律醬汁，蘋果磨成泥，再和調料混合拌勻，待用。

③ 平底鍋燒熱，加入牛油和少許橄欖油，下鴻禧菇和白蘑菇。蘑菇下鍋切忌翻動，讓其加熱幾分鐘。當接觸鍋的一面開始焦糖化（呈現焦褐色的狀態），變成金黃色時可以翻面，再煎一會兒，然後快炒。這樣，蘑菇就不會釋出水分，加了牛油，炒出來的蘑菇有彈性，香氣撲鼻。

④ 金針菇焯水後用冷水沖洗，瀝乾水分。

⑤ 各種蘑菇與蔬菜混合，倒入和風沙律醬汁拌勻，淋上少許橄欖油，加鹽和黑胡椒粉調味。

瑪律奇 朱古力蛋糕

8月26日

小雨轉晴　19°C

早上的花園一片狼藉。昨晚的大風把許多花朵吹落，有些盛開的花朵花瓣上積累了許多雨水，纖細的花莖不堪重壓，斜著倒下來。到了中午，天晴起來，一切又平靜下來，好像從來不曾發生過什麼。於是我又添了鳥糧，金翅鳥夫婦又來了，還有總是單槍匹馬的綠金翅。這幾位仁兄站在餵食器上吃起來沒完沒了，不像藍山雀那麼警惕，啄一口就飛開。每天下午 4、5 時，小松鼠都會來逛逛。牠跳上玻璃房的窗台，一雙前爪扒著玻璃向我張望，大尾巴一抖一抖的，我於是乖乖地獻上花生，賓主盡歡。

我愛朱古力，天氣涼爽，不如就做一個朱古力蛋糕。這次要試試茉莉亞‧查爾德的法式朱古力蛋糕。她的《掌握法式烹飪的藝術 I》(*Mastering the Art of French Cooking I*) 一書共有 700 多頁，

只介紹了 5 種基礎蛋糕，款款都是蛋糕王。茱莉亞的食譜中，麵粉就用普通麵粉，或較細的蛋糕粉，並未添加任何發粉。她說蛋糕的輕盈都來自蛋白的氣泡，蛋糕是否鬆軟取決於蛋白打得好不好，攪拌手法是否夠輕柔。

茱莉亞的蛋白霜做法與如今流行的做法不同。現在很多食譜要求在打蛋白霜的過程裡，分幾次加入大量的糖，而茱莉亞則只在蛋白霜快打好時加 1 大匙糖來加強蛋白的硬度。另外，在開始打蛋白霜之前，在蛋白中加入一小撮鹽，並在起泡後加入一點塔塔粉。由於蛋白的打發需要一點點酸性物質，她寫道：「法國廚師用沒有塗層的銅製容器，因為它會釋放出少量酸性銅離子，來穩定蛋白。」於是她建議在打蛋白 30 秒後，蛋白開始呈泡沫狀時，加入少許塔塔粉。如果用 4 個蛋白，只需要 1/4 茶匙的塔塔粉。如果沒有塔塔粉，我們可以加 1 茶匙的白醋，或者檸檬汁。

她也非常重視蛋黃的打發。這過程需逐步加糖，打至顏色變淺，質地濃稠，體積增多，拎起攪拌器蛋黃成帶狀流下。她寫道：「這樣打發的蛋黃，遇熱也不會顆粒化。」她還警告，千萬不要過度打發蛋黃，否則也會使其顆粒化。

最後一個秘訣就是加入足夠多的高品質朱古力。一個 8 英寸的蛋糕，用了 120 克純黑朱古力。融化朱古力時，加 2 大匙的濃咖啡，既增加了水分，又不會淡化朱古力濃度。最妙的是，焗好的朱古力蛋糕中間只有 8 成熟，保留了朱古力的幼滑質感。這款 Le Marquis Au Chocolate 是經典法式朱古力甜點，以幼滑、濃郁及伴有一絲咖啡香氣的獨特味道著稱。原本就很好吃的基本蛋糕，再用朱古力奶油做夾心，外面淋上朱古力糖霜，無與倫比。拿茱莉亞的話說：「與你吃過的朱古力蛋糕大不同。」

LE MARQUIS AU CHOCOLATE チョコレートケーキ 瑪律寄朱古力蛋糕

LE MARQUIS AU CHOCOLATE チョコレートケーキ 瑪律寄朱古力蛋糕

瑪律奇朱古力蛋糕

Le Marquis Au Chocolate

份量
- 8 英寸

模具
- 8 英寸蛋糕模具

材料

- 黑朱古力：105 克
- 咖啡：2 大匙
- 無鹽牛油：60 克
- 蛋黃：3 個
- 糖：60 克

- 蛋白：3 個
- 鹽：1/4 茶匙
- 白醋：1 茶匙
- 糖：1 大匙
- 塔塔粉：1/4 茶匙
- 自發粉：60 克

- 黑朱古力：60 克
- 咖啡：1 大匙
- 無鹽牛油：60 克

① 牛油以室溫軟化。朱古力掰成小塊,加入 2 大匙咖啡,入微波爐加熱 1 至 2 分鐘至融化。加入牛油攪拌均勻。

② 焗爐以 180°C 預熱。

③ 用打蛋器把蛋黃與糖打發,至顏色變淺,拎起打蛋器,呈帶狀流下即可。

④ 蛋白中放入一小撮鹽和 1 茶匙白醋,打發至呈現峰狀,加入塔塔粉和 1 大匙糖繼續打發至蛋白峰變堅挺。

⑤ 把步驟 1 和 3 的材料混合,攪拌均勻。

⑥ 開始加入蛋白和自發粉,每次加 1/4,直至加完。每次添加後都需輕柔攪拌,盡量保留氣泡。

⑦ 麵糊入模,入焗爐焗 30 分鐘。出爐後放置在鋼絲架子上徹底冷卻。

⑧ 蛋糕冷卻後,開始製作朱古力糖霜。把咖啡加入朱古力中,入微波爐加熱 1 至 2 分鐘至融化,加入牛油,攪拌至幼滑。

⑨ 把蛋糕從中間水平切成兩片。把朱古力糖霜塗抹在一片上,蓋上另外一片。用刮刀在整個蛋糕外表塗抹朱古力糖霜,做出自己喜歡的花紋即可。

法式煎雞配 蘑菇汁

8 月 31 日
晴 17°C

上周沿海地鐵路線受到颱風佛蘭西斯（Storm Francis）的襲擊。颱風在 8 月光顧英國，是史上罕見的事。這兩天，在極地冷鋒的影響下，英國又迎來了最冷的 8 月周末。昨晚的氣溫只有 9°C，在蘇格蘭高地地區可能還會發生霜凍的現象。夏天開暖氣，圍羊毛披肩也是英國一大特色。但是，天氣預報稱這個周末氣溫會明顯升高，據說今年的 9 月還可能會是一個有史以來最「熱」的 9 月。

昨天看傑米·奧利弗（Jamie Oliver）的節目，是介紹雞的做法。他用了整整一塊牛油（約 250 克）來烹飪一隻雞。只見他把雞切件，於深鍋放入半塊牛油，然後把雞件放入鍋中煎至兩面金黃。然後用另外半塊牛油來製作醬汁。他笑著說：「用這麼多

的牛油，值得嗎？你嚐嚐就知道，絕對值得。」

奧利弗在烹飪中大量使用牛油的方法來自法式烹飪。法式烹飪大師茉莉亞・查爾德曾經說過：「牛油就是更美味的秘訣」。她建議烹飪不要用水，而是用牛油、鮮奶油、葡萄酒、高湯、檸檬汁或者其他任何不是水的液體來慢燉。她提到的「不是水的液體」中牛油佔第一位，她說：「加上足夠多的牛油，什麼都好吃」。在她那個年代，人們都覺得牛油不健康，但她對牛油的狂熱絲毫不動搖，她認為牛油沒什麼不好，尤其是在均衡飲食的配合下。現在，科學研究更證明牛油對人體健康大有裨益。其實，要想自由地享受美食，只須遵循茉莉亞的「所有事都講究適度與節制」這一原則，就能健康與美食兼得。

「法式煎雞」就是用大量牛油把雞肉煎熟，整個烹飪過程中雞肉不接觸水。醬汁分開烹煮，吃的時候才澆到肉上。這樣製成的雞肉原汁原味，鮮嫩可口。

牛油的冒煙點較低，所以烹飪的時候顏色容易變深，而食物還未熟。其實，略微焦化的牛油有著堅果的香氣，更多一層風味。但如果想避免這種情況，只要再加入一些橄欖油或植物油，就能有效提高冒煙點，避免食物過早變色。

雞與蘑菇是經典的搭配。中國東北有小雞燉蘑菇，廣東有冬菇燜雞，西餐有雞肉蘑菇批。法餐以大量牛油處理雞肉，再配以濃郁的蘑菇汁，是雞肉與蘑菇的另一種昇華。

煎雞配甜醬菇汁 CHICKEN SAUTÉ 法式煎雞配甜醬菇汁 CHICKEN SAU

ソ 烩 み 鳥 い キ 」 ラ の ソ ー ス 法 式 煎 雞 配 甜 醬 菇 汁 CHICKEN SAU

法式煎雞配蘑菇汁

Chicken Sautéed in Butter with Mushroom Sau

份量

• 4 人

材料

• 雞腿：6 隻
• 白胡椒粉：1 茶匙
• 鹽：適量
• 牛油：60 克
• 橄欖油：少許

蘑菇汁：

• 蘑菇：300 克
• 牛油：30 克
• 高湯：280 毫升
• 白葡萄酒：70 毫升
• 鮮奶油：280 毫升
• 檸檬汁：1 大匙
• 普通麵粉：30 克
• 冷水：50 毫升
• 鹽：適量
• 白胡椒粉：適量

① 雞腿洗淨後用廚房紙擦乾，撒上鹽和白胡椒粉，抓勻。蘑菇切薄片。

② 平底鍋下牛油、少許橄欖油。牛油起泡後加入雞腿，先大火把雞肉各面煎黃，再轉中小火繼續煎。

③ 取另一個平底鍋，加入 30 克牛油。牛油起泡後加入蘑菇片，中火翻炒至蘑菇表面焦糖化，加入高湯、白葡萄酒和檸檬汁，小火煮 15 分鐘。加鹽和白胡椒粉調味。

④ 用叉子插入雞腿中，如果流出的湯汁是透明的，代表雞腿熟了。出鍋放在溫熱的盤子中，保溫。

⑤ 麵粉與冷水混合，充分攪勻，慢慢加入蘑菇汁中。可以根據自己的喜好，調節湯汁的濃稠度。最後加入鮮奶油，攪拌均勻，把蘑菇汁盛入容器中，與雞腿一起上桌。

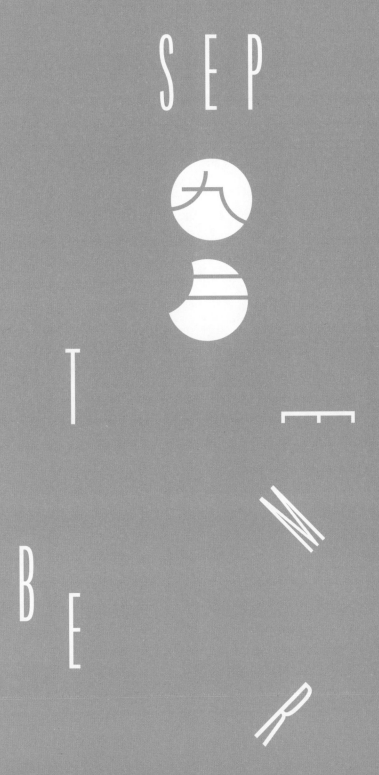

9 月的英文名 September 來自拉丁文 septem 是第七的意思。原本9 月是古羅馬日曆的第七個月份。

9 月是豐收的月份，也是秋天的開始，日照時間大大縮短。但英國9 月的天氣秋高氣爽，乾燥明朗，樹葉開始呈現橘、黃、紅的繽紛色彩。

英國的秋天是美麗的，大大小小的公園都是欣賞季節變化的好地方，仰望參天大樹，眼前豐富的色彩層次令人讚歎。列治文公園裡的鹿群在秋季進入求偶階段，長著碩大犄角的公鹿之間展開精彩決鬥的場面令人難以忘懷。

山東打滷麵

9月4日
多雲　16°C

小時候我家樓後有個菜園子，是各家各戶用鐵絲網圈出來的。
夏天，我們頂著大太陽去園子裡摘豆角。園子裡種著各種各樣
的豆角，有扁長的五月鮮、鼓溜溜的油豆角、又細又長的豇
豆角。有一次，大姐捧了一把毛絨絨的「豬耳朵」豆角回來，
說是旁邊的園子裡爬過來的，用來炒豆豉、辣椒，好吃得不得
了。秋天的時候，我們就去摘毛豆，用鹽水、八角和花椒煮，
是饞小孩的美味零食。

豆角是東北的主要蔬菜之一，百吃不厭。相關菜式有排骨燉豆
角、乾煸豆角、油豆角燉馬鈴薯，還有豆角餡的豬肉包子。豆
角還是東北美食打滷麵的主要配角。媽媽是山東人，她打的滷
子（打滷麵的羹汁）味道極其鮮美，她一般把豆角切碎，加入
豬絞肉和大蝦皮，再淋上一個雞蛋，澆上一勺蒜蓉醬油和自製

的紅辣椒醬，滿滿的一大碗，想起來都讓人吞口水。

小時候去姥姥家，總覺得她不喜歡我，她每次見到媽媽帶我來，都會用略微責怪的語氣說：「大冷天的，來做什麼？」雖然她表面責怪，但暗地裡卻是歡喜的，因為每次她都會親自擀麵條，做打滷麵來招待我們。麵餅在她腫脹粗糙的手下出落得又薄又光滑，她撒上一把乾麵粉，把麵餅捲在又粗又長的擀麵杖上，一手拎起厚重的菜刀，她佝僂著背，卻好像忽然變得手腳伶俐起來，一刀下去，把麵卷俐落地劃開，擀麵杖拿走，碼好麵皮，手起刀落，整齊細長的切麵就切好了。她把切麵用手拎起來，抖一抖，下進燒著滾水的大勺裡，不一會兒，麵出鍋，澆上滷子，一碗熱氣騰騰的豆角豬肉打滷麵就做好了。後來，我回國時去看她，她已 80 多歲，還會親自擀麵條，做打滷麵給我吃。再後來，她 90 多歲，不能親自擀麵條，就讓老姨擀，她在旁邊監督著。

去年秋天，我小舅去探訪我媽媽，據說他在家庭聚會上也親手擀了麵條，做了一頓打滷麵給大家吃。沒想到幾周後，他就心臟病發，早早地走了。如今，人在異鄉，姥姥和舅舅都再也無法相見了。當物是人非，昔日的一切都蕩然無存時，唯有氣味和滋味還能長久留存。就如普魯斯特所說的，這氣味和滋味「儘管更微弱，卻更富有生命力，更無形，更堅韌，更忠誠，有如靈魂，在萬物的廢墟上，讓人們去回想，去等待，去盼望，在幾乎摸不著的網點上不屈不撓地建起宏偉的回憶大廈。」

於是，我就用今天這把豆角，去再現那記憶深處的氣味和滋味，彷彿能把離去的親人，遙遠的家人拉到面前。當我大口大口地吃著打滷麵的時候，就好像又回到了那個寒冷的冬天，又看見姥姥佝僂的背影，又握住了她那雙腫脹粗糙的老手。

山東打滷麵

Home Made Noodles with Gravy

份量

- 4人

材料

麵條：

- 高筋麵粉：600 克
- 水：300 毫升
- 鹽：5 克

滷汁：

- 豆角：500 克
- 豬絞肉：500 克
- 雞蛋：2 個
- 蝦皮：50 克
- 鹽：適量
- 橄欖油：少許
- 生粉：少許
- 水：適量
- 雞粉：1 茶匙

蒜醬：

- 蒜蓉：1 大匙

- 生抽：2 大匙
- 糖：1 茶匙
- 辣椒油：1 茶匙

① 高筋麵粉、鹽和水混合成一個比較乾的麵糰。醒麵 1 小時，
揉麵 5 分鐘，再醒麵 30 分鐘，揉 5 分鐘。

② 大蒜切碎成蒜蓉，與生抽、糖和辣椒油混合，待用。

③ 豆角洗淨，切成小粒。雞蛋打散。豬絞肉加適量生粉和水，
攪拌均勻。

④ 鍋熱下油，油熱下蝦皮炒香，下豆角粒，翻炒 3 分鐘。加入
水、鹽和雞粉調味。水滾後，下豬絞肉，用筷子攪散肉碎。
加蓋煮至豆角變軟，淋入雞蛋漿。

⑤ 用擀麵杖把麵糰擀成一大張薄麵片。擀麵片的過程中，把麵
餅捲在擀麵杖上擀，間或撒上一些乾麵粉。

⑥ 擀好的麵片摺疊成長條，切成自己喜歡的寬度的麵條，撒上
乾粉，將麵條抖開，既成。

⑦ 取一口大鍋，燒開水，水滾下麵條。煮好的麵條用冷水浸 5
分鐘，撈出麵放入大碗，澆上滷汁和蒜醬。

燒鴨

9月9日
晴 17°C

連著幾個大晴天，天氣宜人，氣象局預測今年有一個暖和的秋天，看來準得很。早上跑步時發現路邊多了許多落葉，一些草本植物已經開始凋零。一上步道，兩側各有一株野玫瑰，頂著通紅的種子，在一片衰敗中搖擺著。野玫瑰花開時並未吸引我的注意，也不記得它的花朵是什麼顏色，反而到葉子落盡時引人注目。就好像有些人，年輕時雖然面容清秀但並不給人留下什麼深刻的印象，反倒是到了老年，經歷過風霜，有了故事，變得更美了。

如此怡人的秋天，是吃鴨子的好季節。原因之一是「秋高鴨肥」，秋天的鴨子最肥美。其二，秋高氣爽，溫度和濕度都特別適宜製作烤鴨。北京烤鴨和廣式燒鴨，一北一南，雖然吃法和做法不同，但鮮美的味道卻是不相伯仲。

北京烤鴨皮酥脆，肉鮮嫩，還有一種果木的清香，講究皮肉分離，吃的時候先片出一碟鴨皮，然後才片出鴨肉和帶皮肉。所

怡人的秋天。

以也叫「片皮鴨」。鴨皮要蘸糖吃，鴨肉則搭配京蔥、黃瓜和
甜麵醬用薄餅包著吃。香脆的鴨皮、鮮嫩的鴨肉、脆嫩爽口的
京蔥、清脆的黃瓜，在豆香滿溢的甜麵醬的襯托下，包裹在柔
軟蟬薄的麵餅裡，只需一口，就把你送上美味的天堂。然後，
慢慢地咀嚼，讓興奮四散開來，那種「爽」深留在記憶中，讓
人即使在多年之後，遠在大洋彼岸，想起來還會立刻齒頰生
津。這深藏在記憶中與美味有關的快感讓人愉悅，令人嚮往，
猶如夏日投入井中的一粒石子，激起了冰涼的井水，雖然井上
的人看不見那晶瑩的水珠，和泛起的漣漪，但單憑那聲音就能
感受到一身的清涼。

我在香港住了好多年，廣式燒鴨一直是我的最愛。吃廣式燒鴨
不像吃北京烤鴨那般講究，要專人服侍。茶餐廳、快餐店，
都能吃到好吃的燒鴨飯。廣式燒鴨皮脆肉滑，淋上美味的甜

醬油，配熱騰騰的白飯，是讓人無法抗拒的大滿足。吃廣式燒鴨，我以為，最好吃的不是鴨腿，而是背脊部分。這個部位最入味，有皮、皮下脂肪和薄薄一層滑嫩的鴨肉，搭配的比例恰到好處。

其實，鴨子以燒烤的形式烹飪，源自中國的南京，是一道金陵菜。在金陵出生的曹雪芹曾說「若有人欲快睹我書（指《紅樓夢》），不難，唯日以南酒燒鴨享我，我即為之作書。」這燒鴨即烤鴨，用烤炙的方法烹飪肉食。南北朝時期，《食珍錄》中就記載了「炙鴨」。明代的《宋氏養生部》中更曾詳細地記載了「炙鴨」的做法：「用肥者，全體濾汁中烹熟。將熟，油沃，架而炙之。」朱元璋建都「應天」（南京）後，明宮廷御廚便取南京肥厚多肉的湖鴨，用炭火烘烤，製成香酥嫩滑、肥而不膩的「南京烤鴨」。後來清代袁枚的《隨園食單》中也記載，當時烤鴨有「用雛鴨上叉燒之」的做法。

當美味的記憶在召喚，卻無法即刻駕車去唐人街享用一碟燒鴨飯，不如試試自己烤鴨，這樣接連幾天都有燒鴨飯，燒鴨米線也輪番上陣，何樂而不為。鴨子選用英國本地的櫻桃鴨，肥瘦剛好，燒出來的成品毫不遜色呢。

燒鴨

Roast Duck

- 1 隻

材料

- 鴨子：1 隻（約 2kg）

乾料：

- 蔥：40 克
- 薑：30 克
- 蒜：3 瓣
- 香葉：2 片
- 八角：2 個

醬料：

- 醬油：15 克
- 南乳：1 塊
- 黃豆醬：8 克
- 料酒：8 克

粉料：

- 十三香：4 克
- 五香粉：3 克

- 糖：5 克
- 鹽：8 克
- 雞粉：4 克

皮水：

- 大紅浙醋：20 克
- 麥芽糖：20 克

玻璃漿：

- 糯米粉：15 克
- 生粉：20 克
- 泡打粉：8 克
- 常溫水：70 克

① 蔥、薑、蒜拍碎。乾料、粉料和醬料混合，灌入鴨子腹中。

② 用粗線縫住鴨子腹部的開口，把調料封在鴨子腹中。

③ 燒一壺滾水，一手拎鴨頭，一手持水壺，把熱水均勻地澆在鴨身上。

④ 取一盆，裝冷水，並放入冰塊。把澆過熱水的鴨子浸入冰水中 15 分鐘。

⑤ 用廚房紙擦乾鴨身，用風筒吹乾鴨皮。

⑥ 皮水材料混合，鴨子上皮水，吹乾。

⑦ 玻璃漿材料混合，鴨子上玻璃漿，吹乾。

⑧ 用打氣筒在皮下打氣，使得鴨皮與鴨肉分離，烤出來的皮更脆。（因為這比較難操作，也可以省略此步驟。）

⑨ 鴨腿和鴨翅包上錫紙，防止烤焦。

⑩ 焗爐以 218°C 預熱。鴨胸向上，烤製 10 分鐘。

⑪ 溫度調至 177°C，烤 20 分鐘。

⑫ 翻面，繼續烤 20 分鐘。

⑬ 把鴨腿和鴨翅上的錫紙拿掉，繼續烤 20 分鐘。

⑭ 出爐，保溫 10 分鐘後切件。

檸檬奶油撻

9月18日
晴 19°C

每年的 8 月底、9 月初，都是採摘野黑莓和接骨木花的好時候。我家附近有一個野生樹林，每每這個時節，都是碩果纍纍。走在窄窄的小路上，兩側的黑莓時不時地伸出粗壯而滿是尖刺的枝蔓擋住去路。熟透的黑莓在太陽的照耀下，泛著光、鼓鼓的，一碰就迸出黏稠的漿來。紫黑色的接骨木漿果掛在傘狀的枝頭，沉甸甸地，宣告夏去秋來。我手挎一個藤籃，一路走來，籃子裡盛滿了黑莓和接骨木漿果，心裡唱起了秋天的讚歌。

接骨木漿果是潤肺滋陰之寶，黑莓則滿載著維他命，是提高免疫力的好幫手。兩樣果子配檸檬汁和糖，小火慢煮，就是我的「叢林莓子果醬」，配酸麵包和牛油特別棒。每年做一次，可以吃一年。此外，西餐烹飪的時候，經常會加入一勺莓子果醬，

用其酸甜來平衡鹹味。自製的有機「叢林莓子果醬」，讓人在寒冷的冬天也能嚐到夏秋的滋味，是我的小確幸。

如果有一把莓子做裝飾，何不來一個檸檬奶油撻呢？只需要 3 種主要材料就能完成的經典英式甜品，對味蕾極具衝擊力，是讓人欲仙欲死的味道。糖、鮮奶油和檸檬混合，不需要加蛋黃、魚膠，免焗，就能做出布甸的質感。再擺上莓子，黑莓、藍莓或者草莓，都可。

古代英國人早就知道牛奶遇上酸性物質會凝固的道理。酒屬於酸性，古時英國人會用熱牛奶加入葡萄酒或啤酒，做成濃稠的飲料，叫做 posset。這種奶酒的配方早在 15 世紀就開始流行，通常當作食療飲料給病人喝。

從 16 世紀開始，這種飲料演化成用鮮奶油、糖和酸性水果製成的冷甜點，直到今天還是英國人餐桌上的經典甜點。莎士比亞的《馬克白》中，馬克白夫人就是使用了有毒的甜奶酒哄騙鄧肯王的衛兵喝下，把他毒死。用來做誘餌的甜品，必定是絕佳的美味，否則衛兵怎會上鉤呢。

檸檬奶油撻

Lemon Posset Tart

份量

• 8 英寸

材料

酥皮：

• 普通麵粉：175 克
• 冷牛油：75 克
• 糖粉：1 大匙
• 雞蛋：1 個

檸檬奶油：

• 濃奶油：600 毫升
• 砂糖：150 克
• 檸檬：2 個

• 草莓（或其他梅子）：少許

模具

• 8 英寸撻模具

① 製作酥皮。把切成小塊的牛油和糖放入攪拌器中攪拌成絮狀。加入雞蛋、麵粉繼續攪拌至所有材料完全混合。把麵糰轉移到麵板上，輕揉至表面光滑，不要過分揉搓。用擀麵杖擀薄，擀平，再小心地放進 8 英寸撻模具，用叉子在底部插出一些小孔，防止焗製過程中撻皮隆起。放入冰箱冷藏 30 分鐘。

② 焗爐以 200°C 預熱。

③ 把烘焙紙鋪在酥皮上，放入烘焙石子（可用米、粗粒鹽代替）。焗 15 分鐘，取出石子和烘焙紙，繼續焗 10 分鐘，至表面呈淡黃色，乾身酥脆狀態。冷卻待用。

④ 取檸檬汁和檸檬皮屑。濃奶油、砂糖和檸檬皮屑倒入小鍋，加熱至似滾非滾狀態，熄火，攪拌至糖全部融化。冷卻 5 分鐘，加入檸檬汁，攪拌至微稠狀。冷卻 10 分鐘，倒入模具中。蓋保鮮膜入冰箱冷藏，最少 4 小時，最好過夜。

⑤ 從冰箱取出檸檬撻，在表面放上草莓或其他莓子，撒糖粉裝飾。

溏心蛋

9 月 21 日
晴　21°C

今天的午餐就打算煮個麵，配溏心蛋。如果說湯頭是日本拉麵的靈魂，那麼溏心蛋則是日本拉麵的點睛之筆。每次吃拉麵，人生三恨就變為，一恨沒有溏心蛋，二恨溏心蛋太少，三恨溏心蛋太貴。

上次在東京吃「一蘭拉麵」，客人全部排排「面壁」而坐，前面是一個小小的窗口，用來遞餐和點餐，只能看見服務員的腰部，而且有個簾子，隨時關閉。每人面前只有 50 厘米見方的小桌面，與兩邊的人以隔板分開。話說回來，這種隔離式用餐方式在「肺炎」病毒肆虐期間倒是蠻適合的。

雖然就餐環境奇葩，服務不太「人性化」，拉麵的價格卻也不便宜。最「令人髮指」的是沒有配上溏心蛋，連半隻都沒有。無奈只好再付 120 日元買了一個溏心蛋，解決第一恨，另外兩恨只好忍耐了。

這溏心蛋有何魅力，讓人欲罷不能呢？雞蛋的做法有千萬種，

我認為溏心蛋是最好吃的。蛋白柔嫩，蛋黃軟滑，鹹甜適宜。不似煮雞蛋般無味，也不像煎雞蛋般油膩；有茶葉蛋的美味，又避免了蛋黃的乾澀。用最原始的烹飪方式，帶出雞蛋最原始的鮮甜。

有很多人之所以不喜歡吃雞蛋是因為蛋黃的狀態。蛋黃全熟，又硬又乾難以下嚥。而完全流動的蛋黃，又讓人擔心衛生，難以接受。唯有這半凝固的蛋黃，金黃透明，綿密軟滑，非常迷人。

溏心蛋在醬料中泡過，略微有鹹中帶甜的味道，這滋味從蛋白到蛋黃，逐漸變淡，使得蛋黃本身的鮮香更加突出。蛋白有彈性又柔嫩，蛋黃濃稠香甜，有滋有味。切成兩半，除了用來配拉麵，還可以於早餐送粥，就是單吃也很完美。

有一次在香港的一個潮州菜館吃飯，點了燻蛋。這燻蛋是用鴨蛋做成的，也是溏心，未經醬料浸泡，卻煙燻過，蛋白呈咖啡色，配椒鹽吃，也是驚艷。

自己在家煮麵，當然要杜絕三恨，於是自製溏心蛋。只要有溏心蛋，麵大可以簡單些，清雞湯，澆上一匙辣椒油，放入兩個溏心蛋，就是一碗好麵。

溏心蛋好吃，也容易做。除了掌握好火候之外，雞蛋不宜選新蛋，選超市快要過期的最好。因為剝蛋殼可能是做溏心蛋最具挑戰性的步驟，太新鮮的雞蛋，殼極其難剝；老一點的雞蛋，殼則容易剝。新雞蛋宜煎，老雞蛋宜煮，就是這個道理。

溏心蛋

Ramen Eggs

份量

• 10 個

材料

• 雞蛋（中型）：10 個
• 生抽：20 毫升
• 老抽：20 毫升
• 料酒：20 毫升
• 鹽：5 克
• 糖：10 克
• 小朝天椒：1 個
• 薑：3 克
• 蔥：3 克
• 蒜：2 瓣
• 花椒：10 粒

① 取室溫雞蛋，清水洗淨，浸泡一會兒。另外，準備冰水一盆。

② 在雞蛋的大頭部位用有尖頭的工具扎一個眼。取足夠大的容器，加入能沒過雞蛋的清水，將水煮滾後，小心放進雞蛋，中火煮 6 分鐘。根據雞蛋大小、火的猛弱、容器的大小，煮雞蛋的時間可能會有略微不同，練習幾次就能掌握到適合的時間。

③ 取出煮好的雞蛋放入冰水中徹底冷卻，防止雞蛋繼續自熟。

④ 薑切片，蔥、蒜切碎。取一小鍋，放少許油，倒入蔥、薑、蒜、花椒和小朝天椒，爆香後加入適量的水、生抽、老抽、料酒、糖和鹽，調成醬汁。醬汁的量須沒過雞蛋，可以按照個人口味調味，通常嚐起來稍鹹，鹹中帶甜就好。醬汁煮開後，冷卻待用。

⑤ 雞蛋剝殼後放入一個容器，倒入醬汁，沒過雞蛋。入冰箱冷藏過夜，第二天就可以吃了。

牛肉餡餅

9月24日
晴　13°C

這幾天明顯感到天氣變涼，路邊的落葉越來越多。潮濕清涼的空氣混合了落葉的味道，是秋天特有的芬芳。黑莓和接骨木果子都開始萎縮跌落，種子或跌落到土裡，或被小鳥啄食帶到遠方，希望它們能有朝一日生根發芽。

園子裡的紅蘿蔔和馬鈴薯的長勢都不錯。拔了幾根紅蘿蔔，打算炒來吃。新出土的紅蘿蔔水嫩金黃，咬一口，清脆甘甜。暗暗吃驚，從來沒想到紅蘿蔔這麼好吃。原本認為，紅蘿蔔、馬鈴薯和番茄這類蔬果到處可以買到，價格又便宜，沒有必要自己種。但是，即採即食的美味是城市人所不知的。超市裡個頭碩大、顏色艷麗的蔬果，樣子雖好看，但遠沒有自己種植的清甜可口。從來不太喜歡紅蘿蔔的我，從此又多了一種愛吃的蔬果。

打理自己的花園，種些花草、蔬果，既放鬆了精神，又培養了耐性，讓我對生活充滿了希望。即便是今年出了一點狀況，不成功，也沒關係，總有下一年可以再重來。烹飪與園藝在這一點上很像，失敗也沒關係，總有下一餐。

一種美食，從愛吃到會做，也少不了不斷地嘗試與練習。餡餅大概就是這一類不太容易做得好的食物。關於餡餅的最早記憶，是小時候的路邊攤。小攤子的餡餅不大，餅皮極軟、極薄，與其說是烙的，不如說是油煎的。有韭菜餡的、酸菜餡的，我一口氣能吃 5、6 個。餡餅隨叫隨做，做餡餅的大嬸手裡的麵糰是油和的，她包餡餅的速度很快，搞不清楚她怎樣馴服那黏糊糊的油麵糰，總之我吃的沒她烙得快。那時候的餡餅兩毛錢一個，但家裡不富裕，媽媽又總說路邊的東西不衛生，所以很少吃，印象反倒最深刻。

記得以前住在上海的時候，我家後面去虹口公園的那條路有個菜市場。沿街有各種蔬菜攤檔、小食店、賣魚和肉的小店。其中有一家賣牛肉餡餅的，總是排長隊。我也經常去排隊買餡餅，他家的餡餅特別好吃，表皮烤得金燦燦的，咬一口，湯汁飽滿，餡料鮮嫩，無與倫比的味道。通常買了就迫不及待地趁熱吃一個，每吃一口都要張著嘴，哈著熱氣，冒著被燙傷的風險一飽口福。

在排隊的時候，看老闆烙餡餅也是一種滿足。一個碩大的鑄鐵平底鍋，足有一個小圓桌那麼大，餅在鍋裡「滋滋」地響著，上面蓋了一個大木頭鍋蓋。隔幾分鐘，老闆開蓋把餡餅翻面，再蓋上蓋子。一會兒就好了，他用鐵鏟把餅鬆動一下，然後熟練地裝袋。他記性好極了，哪位顧客買幾個，他都記得清清楚楚。一鍋賣完，他麻利地用鐵鏟把鍋底燒焦的碎屑鏟走，倒上

油，再烙另一鍋。

後來在香港也吃過牛肉生煎包，都是在酒樓吃早茶時吃的，但餅皮太鬆軟，咬一口，也沒有那「熱辣辣」的湯汁流出，頗令人失望。後來回老家時，大姐給我做過一次牛肉紅蘿蔔餡餅，很好吃。她做的餡餅小小的，皮很薄，所以烙的時候一不小心就會破皮，破皮處被煎得焦香，反而特別好吃。她還煮了一鍋金黃的玉米麵粥，外加一碟紅油馬鈴薯絲和自己醃製的「薑不辣」小鹹菜。那頓飯我破例吃得特別飽。雖然破了減肥大忌，但好像又找到了小時候路邊餡餅的味道，也值了。

英國超市的牛肉餡分幾種，脂肪含量和產地標示得很清楚。今天買的是安格斯牛扒的肉餡，脂肪含量 12%，肥瘦正好。如果不怕肥，脂肪含量再多一些也好，口感會更柔嫩。蘇格蘭北部的鴨巴甸和安格斯郡是安格斯牛的原產地。安格斯牛扒以完美油花而著名，用牛扒絞的肉餡沒有牛筋，鮮嫩多汁，是做餡餅的不二之選。

今天用的這個配方，麵皮的做法是迄今為止我做過最好的，皮薄而不易漏。牛肉中加了馬鈴薯，馬鈴薯吸收了湯汁，不會爆出滾燙的湯汁，特別適合給小孩子吃。烙好餡餅，一家人圍坐桌前，你看看我，我看看你，口中哈著熱氣，都笑了，真好吃。

牛肉餡餅

Beef Pie

份量

- 4 人

材料

酥餡料：

- 牛絞肉：600 克
- 馬鈴薯：500 克
- 熱開水：125 毫升
- 濃湯寶：1 個
- 五香粉：2 克
- 白胡椒粉：2 克
- 黑胡椒粉：2 克
- 醬油：20 毫升
- 鹽：6 克
- 薑：10 克
- 蔥：80 克

餅皮：

- 普通麵粉：400 克
- 熱開水：160 毫升
- 溫水：140 毫升
- 鹽：2 克
- 植物油：2 匙

① 製作牛肉餡餅最難之處在於如何使牛肉嫩而不柴,而在餡料中加入馬鈴薯就能夠使牛肉更嫩滑。所以取 500 克馬鈴薯,去皮,切片,隔水蒸 10 分鐘。用筷子戳戳,軟了就熄火,放涼待用。

② 餡餅的皮也很重要,既要柔軟,又要有一定的延展性。先把鹽加入麵粉中,再倒入約 160 毫升熱開水,用筷子攪動。然後倒入 140 毫升溫水,用手和勻,麵糰靜置 30 分鐘。30 分鐘後,揉麵約 2 分鐘,在整理好的麵糰上澆 2 匙油,加蓋醒麵。

③ 用 125 毫升熱開水融化一個濃湯寶,待用。把各種配料加入肉餡中,分 3 次加入溫熱的濃湯寶水,不停地順時針攪拌至起膠。這個注水過程非常重要,攪拌充分的牛肉會吸收水分,而不會再滲出。然後加入馬鈴薯片攪拌,馬鈴薯會碎成顆粒狀。把拌好的肉餡放入冰箱冷藏半小時。這樣肉餡會稍硬,容易操作。

④ 把醒好的麵分成 16 個小麵糰,按扁,像擀餃子皮一樣擀成圓形。取適量肉餡放上麵皮,在手中團成球形,均勻地黏上麵粉,然後包成一個小包子,把有皺褶的一面向下,用手輕輕按扁。兩隻手輕輕按壓均勻,小心不要弄破。

⑤ 用布覆蓋包好的餡餅,防止乾燥。平底鍋下油,每次放入 3 至 4 個餡餅,倒幾滴開水,蓋上蓋子,中火烙。一面烙至微黃後,翻面,加蓋繼續烙。餅皮很薄,翻面後,可以看見皮鼓起來,「滋滋」地響著。兩面都烙成金黃色,就好了。

⑥ 吃時配玉米麵粥或小米粥,佐小鹹菜。

菠蘿包

9月28日
晴   13°C

今天查看地裡的馬鈴薯和紅蘿蔔，驚喜地發現收成都不錯。而門口吊籃裡的燈籠花略見頹勢，反倒是院子裡盆栽的秋海棠開得越發有神采。英國的海棠品種繁多，雙瓣的有貴氣；單瓣的高雅；漸變花瓣的或內深外淺，或淡蕊濃邊；純色的好像把夏天吸收的所有陽光一併以艷麗的色彩呈現出來。唯有一株白色秋海棠，並不喧鬧，嫋嫋婷婷，吐著嫩黃的花蕊，垂著清秀的花朵，一副唯我獨靜的姿態，超凡脫俗。

海棠花自古以來為文人墨客所愛，對其濃墨重彩的非《紅樓夢》莫屬。寶玉所住的大觀園怡紅院就有一株西府海棠，「絲垂翠縷，葩吐丹砂」。其實這西府海棠與秋海棠是兩種植物。前者為小喬木植物，高度可達 2.5 至 5 米，後者是多年生草本植物，高度只有 60 至 70 厘米。前者開類似櫻花的小花，後者品種繁多，有些品種的花朵碩大絢麗。

《紅樓夢》中曾提到賈芸送給賈寶玉一種白海棠，因「不可多

得」，「故變盡辦法，只弄得兩盆」。後來一眾海棠詩社的少男少女們還就這兩盆白海棠作詩。寶釵有「淡極始知花更艷，愁多焉得玉無痕。」寶玉道：「出浴太真冰作影，捧心西子玉為魂」。最妙的還屬瀟湘妃子黛玉，她「提筆一揮而就，擲與眾人」，寫道：「半卷湘簾半掩門，碾冰為土玉為盆。偷來梨蕊三分白，借得梅花一縷魂。」不但寫出白海棠的冰清玉潔，還帶出其似梅花的幽冷香氣。我的這株白海棠，倒很有瀟湘妃子所吟詠的神采，香氣幽幽，惹人憐。於是不忍置其於門前的大太陽下，只留它在後院地台上，與我為伴。

有紅樓的海棠，有初秋的艷陽，我這貪婪的人還不滿足，偏偏又想念菠蘿包。菠蘿包與拿破崙蛋糕、老婆餅一樣，既沒有菠蘿也不是叫「菠蘿」的人做的，只不過是酥皮裂開的樣子有點像菠蘿罷了。據說早年的港人對那時的麵包不滿足，於是在麵包上加了一層甜脆的酥皮，酥皮香脆甜美，包身柔軟細緻，趁熱食用非常惹味。最妙的是，這圓鼓鼓、金燦燦、表面凹凸不平的麵包，被人從中間切開，夾入一片厚厚的冰凍牛油，便成了「菠蘿油」。吃一口熱辣辣的菠蘿油，每一口都是冰與火的碰撞、強烈的對比、複雜的妥協。就像性格迥異、水火不容的夫妻，卻生了幾個聰明漂亮的孩子，過著吵吵鬧鬧卻又紅紅火火的小日子。這款邪惡的美食，味道如天使，卡路里似惡魔，讓人又愛又恨，魂牽夢縈。

香港冰室的菠蘿油配港式凍奶茶，是港人最愛的下午茶。還有一種菠蘿叉燒包，裡面有肥美的叉燒餡。傳統菠蘿包的酥皮用了大量的豬油和糖做成，再加上一大片厚切牛油，其熱量之高，可想而知。難怪麥兜的爸爸叫「菠蘿油王子」，大概吃多了菠蘿油，就會變成麥兜的身形。

FOOD & HOME

冬

春

KITCHEN
ARY

NTER &
RING

pes from
mber to May

英格蘭廚房日記
冬去春來的生活與料理

秋宓 著/攝影

菠蘿包

Pineapple Buns

份量

• 8 個

材料

麵包：

• 高筋麵粉：250 克
• 牛奶：110 毫升
• 雞蛋：1 個（約 50 克）
• 糖：35 克
• 鹽：3 克
• 酵母：3 克
• 牛油：25 克
• 麵包改良劑：2 克

酥皮：

• 牛油：60 克
• 糖：60 克
• 蛋黃：1 個
• 低筋麵粉：100 克
• 泡打粉：2 克
• 梳打粉：2 克

① 將除牛油外的其他麵包材料混合，揉成麵糰。

② 加入於室溫軟化的牛油。如果有麵包機，可以用麵包機揉麵
20 分鐘，或者手工搓麵 10 分鐘，至可以拉成膜的狀態。

③ 麵糰蓋上保鮮膜，進行第一次發酵。當麵糰脹大至兩倍半
時，就是發酵完畢。

④ 趁麵糰發酵，製作酥皮。牛油與糖打發，顏色變淺後，加入
蛋黃，攪拌均勻。

⑤ 加入低筋麵粉、泡打粉和梳打粉，整理成長條形麵糰，用保
鮮膜包好，放入冰箱冷藏半小時。

⑥ 麵糰發酵完畢後，從容器中取出，放置在麵板上，輕拍，
排氣。

⑦ 把麵糰均勻分成 8 份，每個約 57 克。整理成 8 個球形麵糰。

⑧ 將酥皮從冰箱取出，分成 8 份，搓成 8 個小球。

⑨ 把酥皮球按扁，放在兩層保鮮膜中間，用擀麵杖擀成圓形
餅皮。

⑩ 圓形酥皮置於手掌中，取一個小麵糰，放置在酥皮中間，然
後輕輕用酥皮包住麵糰，酥皮約包住 3/4 的麵糰。

⑪ 做好的菠蘿包，放置在焗盤上，在酥皮上刷上一層蛋液。用
刀片割出格子狀紋路。蓋保鮮膜，二次發酵。

⑫ 焗爐預熱至 180°C，把二次發酵完畢的菠蘿包焗 18 分鐘。

OCT

O

B

E

R

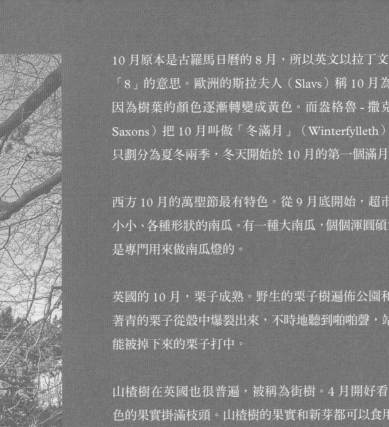

10 月原本是古羅馬日曆的 8 月，所以英文以拉丁文 octo 開頭，是「8」的意思。歐洲的斯拉夫人（Slavs）稱 10 月為「黃色月」，因為樹葉的顏色逐漸轉變成黃色。而盎格魯 - 撒克遜人（Anglo-Saxons）把 10 月叫做「冬滿月」（Winterfylleth）。他們把一年只劃分為夏冬兩季，冬天開始於 10 月的第一個滿月日。

西方 10 月的萬聖節最有特色。從 9 月底開始，超市裡開始賣大大小小、各種形狀的南瓜。有一種大南瓜，個個渾圓碩大、金黃漂亮，是專門用來做南瓜燈的。

英國的 10 月，栗子成熟。野生的栗子樹遍佈公園和馬路旁，還泛著青的栗子從殼中爆裂出來，不時地聽到啪啪聲，站在樹下就很可能被掉下來的栗子打中。

山楂樹在英國也很普遍，被稱為街樹。4 月開好看的花，10 月紅色的果實掛滿枝頭。山楂樹的果實和新芽都可以食用，山楂果用來泡茶或做果凍都很棒。

10 月 31 日：萬聖節

斑腩豆腐煲

10月1日

有時雨　13°C

從玻璃屋望出去，一隻羅賓站在柵欄上，橙色的小胸脯與倚欄而生的橘紅番茄相映成趣。不知哪位打翻了餵鳥器，鳥糧撒了一地，兩隻鴿子把周圍據為領地，埋頭密密地啄食。大理花、海棠都到了盛放得最燦爛的季節，一眾姹紫嫣紅，卻都不及那掛滿漸變紅葉的櫻花樹。想起早春時節花謝花飛飛滿天時，禁不住感歎明媚鮮妍能幾時，哪知秋天又是另一番風姿。有道是：「花魂鳥魂總難留，鳥自無言花自羞。」我也望能生出雙翼飛上雲霄，相信天盡頭，總有香丘處。

剛剛還是明媚的藍天，這會兒就漸漸瀝瀝地下起了小雨。雨滴敲打著玻璃屋的棚頂，叮咚作響。藤架下那盆芍藥淋了雨，豐盈的葉子尖也滴出橙紅色，好一番秋色。不到10分鐘的工夫，雲又散去，光影嫵媚起來。柵欄上，忽見毛茸茸的大尾巴

閃了幾下，就知道貪吃鬼又來了。牠跳上窗台，捧起花生，專心致志地吃起來，憨態可掬。

10 月是英國最美的日子。不消說碩果纍纍，繁花似錦，單是樹葉的紅與黃就有千萬種。門口的落葉隨風打著轉，草地上散落的花瓣含著露珠，我手握一杯熱咖啡，凝望窗外，又想起今天是中秋，念起遠方的家人、朋友，願花好月圓共相度。

如此的好日子一定要吃點好的，忽然想起中餐館的斑腩豆腐煲，這是我每次去中餐館必點的菜餚。斑腩煲是香港茶餐廳的美食，由於英國港人較多，所以這一款菜也是中餐廳的經典菜式。斑腩煲的賣點之一就是爽滑的魚塊，但據說香港的茶餐廳，即使是主打海鮮的餐館也未必會用真正的石斑魚來做這道菜，通常用比較便宜的鯰魚或龍脷魚柳代替石斑魚，這也是約定俗成的。這恐怕也與「菠蘿包沒有菠蘿」的概念相似吧。無論這斑塊是否真，這斑腩豆腐煲卻是真真正正的美味。

英國帶骨帶皮的魚不多，老外喜歡淨魚柳。用魚柳來做斑腩煲非常適合，各種白魚柳都可以。這次選用帶骨帶皮的比目魚排來做，與中式魚腩更相似。

斑腩豆腐煲

Braised Fish Belly Pot

份量

• 4 人

材料

• 比目魚排（帶魚皮和骨）：
  400 克

醃料：

• 鹽：半茶匙

• 糖：半茶匙

• 白胡椒粉：1 茶匙

• 生抽：1 茶匙

• 料酒：1 茶匙

• 蛋黃：1 個

• 香油：1 茶匙

• 生粉：適量

配菜：

• 油豆腐：100 克

• 紅蘿蔔：80 克

• 洋蔥：80 克

• 蔥：10 克

• 薑：10 克

• 蒜：2 瓣

• 芫荽：少許

湯汁：

• 老抽：1 大匙

• 生抽：1 大匙

• 蠔油：1 大匙

• 料酒：1 大匙

• 糖：1 大匙

• 茄汁：1 大匙

• 生粉：適量

• 橄欖油：適量

① 魚排切成大塊，用醃料（除生粉外）拌勻。醃製 20 分鐘。

② 油豆腐切半。紅蘿蔔、薑、蒜切片，蔥、芫荽切段，洋蔥切碎。

③ 把魚塊均勻地黏上生粉。

④ 取平底不黏鍋，下油，可以稍多些油。油熱，下魚塊，可以分 2 至 3 次煎魚塊，這樣不會太擁擠，導致油溫下降。把魚塊的每一個面都煎得焦黃微脆，出鍋待用。

⑤ 配菜下鍋快炒 1 分鐘，放入砂鍋。

⑥ 再於平底鍋內下少許油和湯汁調料，煮開。生粉用冷水化開，下鍋。湯汁黏稠時，下魚塊，小心翻炒幾下，讓魚塊裹上湯汁。把魚塊放入砂鍋。

⑦ 中火燜 3 分鐘。趁熱食用。

鹹蛋煙肉粥

10 月 10 日

中雨　12°C

今天早上煮了兩個鹹蛋。想看看是否醃好了，切開兩半，金黃色的蛋黃微微起沙，蛋白柔嫩，入口有淡淡的五香味。英國有賣醃製好的鹹蛋，但通常都太鹹，所以我喜歡自己醃鹹蛋。身在國外，才真正體驗了「自己動手，豐衣足食」這句話。

Costco 的新鮮鴨蛋個頭大，乾淨，10 個一盒，買了 3 盒。醃鹹蛋最主要的是掌握好鹽和水的比例，這樣能夠保證鹹蛋如期醃好，也防止變壞。

鹽和水的比例通常約為 1:7，這時候鹽呈飽和狀態。「飽和」即是鹽水的濃度達到最高值，再加鹽也不能溶化的程度。濃度之所以很重要，是因為這樣可以算好時間，時間一到，保證夠鹹、流油。省得要隔幾天撈一個試試，等醃好了，已經有好幾

個在不完美的狀態下被試吃掉了。

製作鹹蛋有幾個要點。首先，鴨蛋要徹底洗乾淨，超市的鴨蛋一般很乾淨，所以不需要用刷子刷，簡單沖洗一下就可以了。洗淨的鴨蛋晶瑩透亮，顆顆如寶石般可愛美麗。醃製前需徹底晾乾，不能有水分殘留，以防止醃製過程中滋生細菌。

然後，把鴨蛋放在玻璃器皿裡面，放少許八角、花椒，下料酒，因為酒精能使鴨蛋黃出油，如果有烈酒更好，最後倒入涼鹽水。密封，放置在陰涼處，視乎氣溫高低，等 21 至 28 天，例如，30℃以上的天氣，21 天就好，反之，天氣冷就要適當增加醃製的時間。

鹹鴨蛋的吃法太多了，例如鹹蛋肉餅、鹹蛋蔬菜湯等等。今天煲了一鍋鹹蛋煙肉粥，配煎雞蛋和油條，吃得飽飽的，開始新的一天，新的一周。

臘味鹹蛋肉粥　CONGEE WITH BACON AND SALTED EGGS　塩漬け卵お粥鹹蛋

鹹蛋煙肉粥

Congee with Bacon and Salted Eggs

份量

- 4 人

材料

- 鹹蛋：2 個
- 煙肉：2 片
- 薑：5 克
- 蔥：1 根
- 白胡椒粉：少許
- 雞粉：少許
- 泰國香米：1 碗

① 泰國米洗淨，放入電飯煲，加 5 碗水。水與米的比例一般是 5:1。

② 薑切片，蔥切碎。鹹蛋煮熟，蛋黃和蛋白分開，切成小塊。煙肉切粒。把薑片放進生米和水中一起煮，當粥快煮好時，放入煙肉和鹹蛋白。再煮 2 至 3 分鐘，熄火。

③ 加少許雞粉調味。蛋白和煙肉已經在粥中釋放了鹽分，如果不够鹹可以加少許鹽。

④ 最後放入鹹蛋黃，輕微攪拌均勻。

⑤ 把粥盛進碗裡，放入白胡椒粉和蔥花。

油條

10 月 11 日

晴　13°C

如果你問我英國哪個季節最美，我的回答是秋天。英國的秋天是水彩畫家筆下渲染開來的斑斕色彩，有時朦朧如秋雨，有時清朗似秋風；是國畫大師揮毫急落的大寫意，彷彿一幅有旋律的水墨畫，濃的是大提琴，淡的是洞簫。如果說英國的春天是可愛的，夏天是絢爛的，那麼秋天就是圓滿的。大自然的美好都集結在秋季一併獻出，像一朝分娩的母親，終於收穫了人生的精華，心滿意足，摟著嬰兒微笑著進入甜夢。

趁著天晴，把園子收拾了一下，把未熟的番茄藤蔓掛在柵欄上，成了一串串碧綠透亮的翡翠珠子。為枯萎的植物剪去枯枝，等待來年春天再次生發。種下一棵燈籠果和一棵紅莓，希望明年夏天能有收穫。這燈籠果是小時候經常吃的，後來我遊歷四方，就從記憶中消失了。如今發現英國的 Gooseberry 就是燈籠果，不但是花園常見的植物，還有一年一度的燈籠果大賽。去年的健力士世界紀錄被一顆重 64.83 克的英國巨型燈籠果刷新。

今早煮了皮蛋瘦肉粥，於是想到只有配上油條才夠完美。北方老家炸油條的攤檔，早上總是有人排著隊。一口偌大的鐵鍋，盛滿了滾熱的油，攤主拿起麵坯，兩手一按，下到鍋中。油條迅速膨脹，用筷子翻幾下，把金黃酥脆的油條扔到濾油網中，片刻就到了食客的盤子上。吃油條，就要現炸現吃。在小攤檔的臨時桌凳區覓一個位置，與別人搭枱更好，大家都是一兩根油條，配一碗鹹豆漿，或是豆腐花，熱氣騰騰地，認真專注地開餐。剛出鍋的油條，在鹹豆漿中略泡一下，入口是酥脆並著鮮辣的湯汁。這簡單、樸實的風味比五星級大酒店的自助餐更令人回味。

香港的油條叫「油炸鬼」，比北方的油條體形縮小了一半，價錢增加了若干倍，雖然味道也好，但總覺得不過癮。據說「油炸鬼」原本叫「油炸檜」，「檜」指的是宋朝的奸臣秦檜。人們恨他陷害岳飛，禍國殃民，所以詛咒他和他的老婆下地獄，遭到下油鍋的報應，所以「油炸鬼」都是兩條黏在一起的。在香港，油條一般在粥店才買得到，配的當然是港式粥品。除了油條以外，粥店還賣一種叫做「牛脷酥」的油器，橢圓形像牛舌，是甜口的，也很好吃。

油條要炸得酥脆少不了明礬，據說明礬對人體有害，所以近年來人們對油條都有所顧忌。食譜中的泡打粉就有明礬的成分，如果擔心，可以選擇不含鋁的泡打粉，避免攝入明礬。如果材料正確，自己炸出好吃的油條一點也不難。今天分享的這個食譜經過多次調整，非常有效，成品和粥店賣的油條有 9 成似。

油條

Youtiao

份量

• 4 人

材料

- 普通麵粉：300 克
- 低筋麵粉：50 克
- 冷牛奶：190 毫升
- 泡打粉：10 克
- 梳打粉：3 克
- 鹽：6 克
- 油：80 毫升

- 油（用於油封）：10 克

Recipe 29

AUTUMN / OCTOBER

① 將所有材料混合，揉成一個光滑的麵糰。泡打粉和梳打粉遇熱會釋放出二氧化碳，加入冷牛奶是希望麵糰在油炸之前盡量不產生氣泡，而在油炸時讓該反應發揮最大的作用，使油條更蓬鬆酥脆。麵糰不要過分揉搓，避免產生麵筋。

② 醒麵半小時。把麵糰按扁，從中間扣一個洞，做成一個均勻的麵圈。把麵圈分割成等長的兩條。用擀麵杖擀成寬約 12 厘米的兩個長條形麵餅。

③ 把麵餅放入長形容器，淋上油，用油封住麵餅。用保鮮膜蓋好，放入冰箱冷藏過夜。

④ 第二天早上，取出麵餅，室溫下醒麵 1 小時。把麵餅切成約 2 厘米寬的條狀。每兩個條形麵塊擺在一起，中間抹少量水，用筷子在中間縱向壓一下。這樣兩個麵塊黏合在一起，中間呈凹陷狀。

⑤ 取大口徑鍋，下足夠多的油，加熱。用筷子試一下油溫，當筷子周圍有很多小氣泡時，就可以炸了。

⑥ 取一個整形好的條形麵塊，兩手抻長，下入鍋中。油條浮起來，用筷子翻動一下，炸至金黃，瀝乾油，既成。

提前發酵法式白麵包

10月17日
多雲　13°C

今天早晨起來，天色昏暗，院子裡的地台都是濕的，顯然剛剛下過雨。我在廚房整理餐具，向窗外望去，那隻小松鼠一跳一跳地從草地上跑過來。牠的大尾巴輕輕一抖，就跳上廚房外的木板地台。牠左顧右盼，尋尋覓覓，好像在找什麼，我猜牠肯定是藏了什麼好吃的在我家院子裡。

前幾天我挖蘿蔔時還挖出了幾粒花生，估計就是這位常客藏的寶。種在院子裡的韭菜，經常被連根拔起，想也是這位仁兄的傑作。牠幾下就跳到玻璃門外，一隻小手搭在玻璃門框上，向

屋裡張望。牠黑亮的小眼睛狡黠地閃動著，毛茸茸的大尾巴豎起來，樣子淘氣又可愛。

昨天晚上揉好的麵包酵頭體積脹大 3 倍，黏稠的表面鼓出好多氣泡，如果你盯著它看，就能看見每隔幾秒鐘就有小氣泡冒出來，此起彼伏，代表著這一盆「酵母家族」正在開心地繁殖，不斷壯大。

風味絕佳的麵包之秘訣在於長時間的緩慢發酵。雖然多添加一些酵母可以在短時間內產生足夠的二氧化碳，讓麵糰膨脹，但是風味複合物需要長時間發酵才會產生。然而，長時間發酵又會軟化麵筋結構，無法支撐麵包，發生塌陷的現象。

要解決這個問題，人們創造了提前發酵的方法（pre-ferments），就是利用部分材料和少量酵母製作一個「前製麵糰」或稱「酵頭」（poolish）。「酵頭」先以長時間慢慢發酵，讓酵母有更多的時間對麵糰中的澱粉和蛋白質充分發揮作用，不但形成豐富的味道，更能保持濕潤並延長麵包的保存時間。然後再與剩餘部分材料混合做成主麵糰，增強麵筋的支撐架構。法式麵包中的法棍就常用這種方法。

昨晚的酵頭以比例為 1:1 的水和麵粉製成，今天再添加與酵頭用量相等的麵粉製作主麵糰。低頭聞一聞，酵頭散發著淡淡的酒香和麥香，讓人忍不住憧憬那表皮酥脆、內部綿軟、有嚼勁的金燦燦大法包。這樣，心情立刻雀躍起來，陰暗的天氣也不能阻擋我烘焙的熱情，捲起袖子，整理麵糰吧。

提前發酵法式白麵包 WHITE BREAD WITH POOLISH 白パン 提前發酵
WHITE BREAD WITH POOLISH 白パン 提前發酵法式白麵包 WHIT
法式白麵包 WHITE BREAD WITH POOLISH 白パン 提前發酵
HITE BREAD WITH POOLISH 白パン

提前發酵法式白麵包

White Bread With Poolish

份量

- 2 個

材料

酵頭（1000 克）：

- 高筋麵粉：500 克
- 水（27℃）：500 毫升
- 發粉：0.4 克

主麵糰：

- 高筋麵粉：500 克
- 水（40℃）：250 毫升
- 鹽：21 克
- 發粉：3 克

酵頭發酵時間：12-14 小時\
主麵糰初次發酵時間：2-3 小時\
主麵糰二次發酵時間：1 小時

提前一晚準備酵頭。把水、麵粉和發粉放在容器中充分混合。由於酵頭會脹大 3 倍左右，所以容器要足夠大，才不會滿出來。加蓋，或蓋上保鮮膜，放過夜。食譜中假設室溫在 18 至 21℃之間，如果是冬天室溫低，可適當延長發酵時間，或者把麵糰放在溫暖的環境中發酵。

第二天早上，酵頭體積脹大至原來的 3 倍，變得黏稠、冒泡就是好了。這種巔峰狀態在室溫 21℃的狀態下可以保持 2 小時左右，這是製作主麵糰的好時機。

在 500 克麵粉中加入鹽和發粉，攪拌均勻。把 250 毫升的 40℃溫水沿著容器邊倒入酵頭，使酵頭與容器分離。把酵頭和水一併倒入乾麵粉中，用手攪拌均勻。用摺疊法和掐斷法（用沾了水的手探入麵糰底部，拉出大約 1/4，但不要拉斷，摺疊到麵糰頂部，轉動容器，如此重複 3、4 次；再用大拇指和食指把麵糰掐成幾節，然後再摺疊幾次。反復掐斷、摺疊）揉勻。和好的主麵糰溫度約 23℃左右。在之後的 1 小時中，每 20 分鐘摺疊一次。2 至 3 小時後，麵糰脹大到原來體積的 2 至 2.5 倍時，就是發酵完畢。

麵板撒少許乾麵粉，手也黏上些乾麵粉，把麵糰輕輕從容器中倒出，分成相等的兩份。按照一般的整理麵糰的方法整理出兩個麵糰，光面朝下，放入撒了乾麵粉的藤籃中，將其覆蓋好，二次發酵約 1 小時。

⑤ 鑄鐵鍋放入焗爐，以 250℃預熱至少 45 分鐘。

⑥ 大約 1 個小時之後，用指戳法檢查麵糰的發酵程度。在麵糰上撒一點乾麵粉，用食指按下去，如果麵糰反彈，但還留有少許凹陷，就是二次發酵好了。如果按下去不反彈便是過度發酵，而迅速完全反彈則代表未有完全發酵。

⑦ 將完成二次發酵的麵糰迅速放入預熱好的鑄鐵鍋中，加蓋焗 30 分鐘。

⑧ 半小時後，打開鑄鐵鍋蓋，繼續焗 15 分鐘，表皮呈深褐色時，就表示焗好了。

⑨ 如果繼續焗製另一個麵糰，鑄鐵鍋需先放入焗爐預熱 10 分鐘。另一個麵糰也可以放入冰箱冷藏保存，晚一點再焗，或者製成薄餅。

法國酥脆先生

10 月 19 日
小雨 13°C

最近的天氣不太好，總是陰天下雨，恐怕冬天要來了。園子裡的植物都盡顯疲態，勉強支撐著，等待第一次霜凍的到來。

在深秋的早晨，最適合吃法式熱三文治配一杯香濃的摩卡。還記得在法國旅行時，在巴黎街角的一個小咖啡店吃早餐，有一款名叫「Croque Monsieur」的三文治讓人頓生好奇。「Croque」是「酥脆」的意思，而「Monsieur」是「先生」的意思。這個「酥脆先生」的名字滑稽有趣，我心想，難道還有「酥脆女士」三文治不成？當金黃飽滿、熱辣辣的「酥脆先生」上桌時，我的心雀躍起來。芝士的香氣撲面而來，與裊裊升起的摩卡的濃香交融，讓人胃口大開。超大玻璃窗外，被露水打濕的石頭路面閃閃發光，清晨的巴黎，明亮清澈。

第一口的「酥脆先生」是法國巴黎給予我最難忘的印象。這當然趕不上巴黎街頭古老建築的豪華厚重，也不及羅浮宮的神秘莫測和塞納河畔的浪漫溫情。論歷史感、文化內涵、浪漫情調，巴黎聖母院、莎士比亞書店和香榭麗舍大街更能留給人們不滅的印象。但對我來說，這「酥脆先生」偏偏凌駕於眾多名勝古蹟之上，在我的腦海深處留下了深刻的一筆。恐怕是因為這印象是立體的，同時囊括了視覺、味覺、嗅覺和觸覺。就算多年以後，在世界的任意一個角落，都能隨時跳出來，讓我回味一下。那一口「酥脆先生」，麵包「咔嚓」有聲，芝士香濃熱辣，包裹著鹹香的火腿、滿口的奶香和麥香。軟嫩夾著酥脆，酥脆包裹著柔軟，如此複雜，又如此和諧，這「酥脆先生」是巴黎早晨的一抹朝陽，是塞納河畔的一道彩虹，給我這孤獨旅者溫暖的擁抱。

其實，這「酥脆先生」就是傳統的法式烤芝士火腿三文治。普魯斯特曾在他的《追憶似水年華》中寫道：「外祖母和我從音樂會出來，踏上歸途回旅館。我們在海堤上停了一會兒，與德·維爾巴里西斯夫人交談幾句。德·維爾巴里西斯夫人對我們說，她在旅館裡為我們點了火腿乾酪夾心麵包片和奶油蛋……」。「酥脆先生」一名最早出現在 1891 年法國出版的一部小說中。而英國最早在 1908 年，《每日電訊報》（*The Daily Telegraph*）的「日日巴黎」專欄中便提到了「酥脆先生」。

除了「酥脆先生」，居然真的有「酥脆女士」。在「酥脆先生」上加一個煎蛋，就是「酥脆女士」，據說這是因為煎蛋的形狀很像女士的帽子。今天這款「酥脆先生」食譜來自英國名廚 Mary Berry，做法簡單，風味絕對堪比巴黎街頭咖啡店的。

法國酥脆先生

Croque Monsieur

份量

• 2 人

材料

• 牛油：20 克
• 白方包：4 片
• 法式芥末醬：2 大匙
• 薄切煙燻火腿：4 片
• 格魯耶爾芝士（Gruyere Cheese）：100 克
• 普通麵粉：15 克
• 熱牛奶：150 毫升
• 鹽：少許
• 黑胡椒粉：少許

① 焗爐以 180°C 預熱。

② 把麵包的一面塗上牛油,放入焗盤,牛油面朝上,焗 8 分鐘
至淺金黃色。

③ 把麵包取出,在沒有牛油的一面塗上法式芥末醬,放上兩片
火腿,撒上一層芝士碎,蓋上另外一片麵包,牛油面朝上,
做成兩個三文治。

④ 把剩下的牛油在小鍋中融化,加入麵粉,攪拌均勻,小火煮
1 至 2 分鐘。加入熱牛奶,攪拌至濃稠。熄火,加入 25 克芝
士,加鹽和黑胡椒粉調味。

⑤ 把奶醬塗抹在兩個三文治表面,把剩下的芝士撒在奶醬上。

⑥ 入焗爐焗 10 分鐘,至芝士融化呈金黃色。

⑦ 取出,冷卻幾秒鐘,切成兩半,趁熱食用。

筍乾鮮魷炒肉絲

10 月 26 日

小雨　12°C

凌晨醒來，無論如何也再睡不著了，是因為夢見了爸爸。在夢裡，他興沖沖地告訴我，他想去南方老家住兩天，我問他是否可以帶我一起去玩玩，他說好呀，那可以多住幾天。15年前的凌晨，電話鈴聲穿透夢境，我從床上彈起，就知道不好了。他離開已經 15 年，最近幾年很少夢到他，可是，我還是時常會想起他。書桌前有他送給我的那張小楷「青春」，茶几上方掛著他寫的〈蘭亭序〉，每每喝茶、讀書、寫字都會想起他。時常惦念的還有那些屬於他的食物的味道。

小時候，媽媽在醫院上班，要值夜班，很忙。爸爸在大學教

書，沒有課的時候，多數在家，所以他時常下廚。爸爸是南方人，吃不慣北方的饅頭燒餅，喜歡大米。他出差或是有親戚從南方來，都會帶些南方大米。那種長米粒，口感偏乾的大米，我們叫「線兒米」。我覺得很難吃，可他卻吃得津津有味。

南方老家，就是江西。那是一個遙遠的地方。我 3 歲那年爸爸帶我去過一次，回程時還遇上唐山大地震，在路上耽擱了許久。還記得在火車上，他抱著哭鬧不休的我，向列車員討臥鋪的情形。回到家後，媽媽說我被曬得黝黑，頭髮蓬亂像個野孩子。然而，我對老家味道的記憶卻是豐滿鮮活的。老家的西瓜大得驚人，瓜瓤起沙甜得很；還有一種黑色、似梅菜的醃菜，用來配燒肉，味美不膩；米粉蒸肉的粉比肉還好吃，拌飯最佳；自家製手工魚丸子湯米粉也是一絕，與雲南的過橋米線有得一拚。

老家的味道一直陪伴著我長大。每逢過年過節，叔叔、姑姑都會寄來包裹，那可是無價之寶。當中有一種乾腸，味道很美，但是肉質乾硬，我嚼不動，每每要吐出來，爸爸就給我示範囫圇吞下去的技巧。黃色的鹼水年糕配上黃豆麵，又香又甜。還有南豐小橘子，小巧玲瓏，如砂糖般甜，被爸爸儲藏在樓梯間的紙盒裡，慢慢享用。

還有兩樣食材極為珍貴，但都耐儲藏，被分別存放在封閉陽台的食物架上，逢五一、十一這樣的節日才吃上一次。這就是筍乾和魷魚乾，兩樣配在一起，鮮美無比。老家的筍乾又大又厚，要泡發好幾天。爸爸把嫩的筍尖切絲，與瘦肉絲和鮮魷魚絲一起炒，迄今為止，還是我最愛的菜餚。老的筍根用來和魷魚乾、豬骨煲湯，鮮得很，又是一絕。

鮮魷炒肉絲　STIR-FRIED BAMBOO SHOOT, SQUID AND PORK 竹

炒 ⅄ 筍乾鮮魷炒肉絲　STIR-FRIED BAMBOO SHOOT, SQUID AND

筍乾鮮魷炒肉絲

Stir-fried Bamboo Shoot, Squid and Pork

份量

• 4 人

材料

• 筍乾：300 克
• 鮮魷魚：100 克
• 豬裡脊肉：100 克
• 香菇：50 克
• 蒜：2 瓣
• 蔥：適量
• 薑：5 克
• 朝天椒：1 個
• 鹽：適量
• 老抽：適量
• 生抽：適量
• 蠔油：適量
• 糖：少許
• 生粉：適量
• 橄欖油：適量
• 雞粉：少許

① 筍乾泡發後取嫩的部分切細絲。魷魚、豬裡脊肉和香菇切絲。蔥、蒜切末,薑切絲,辣椒切段。豬裡脊肉加少許鹽和生粉,攪拌均勻,待用。

② 鍋燒熱,下油,待油熱下肉絲,快速煸炒至變色,取出。下少許油,快炒魷魚絲,取出。下油,爆香薑絲、蔥、蒜和辣椒,下筍絲和香菇絲,炒香後加入調味料,加水沒過筍絲,加蓋小火煮 15 分鐘。如果筍泡發得不夠,可以多煮一會兒,但要檢查水量,防止乾鍋。

③ 加入肉絲和魷魚絲,再煮 5 分鐘,加適量雞粉,出鍋。這道菜適合搭配上好的米飯或白粥。

瑞士卷

10 月 30 日
晴　16°C

雖然已是深秋，但是今天陽光不錯，忽然想念起日本的玉露，於是煮水，待水降溫至 50°C，蓋碗沖泡。玉露之所以味甘、少苦澀，是因為茶葉在採收前 1 個月被搭棚覆蓋，減少陽光照射。碧綠的茶湯端坐在甜白瓷小品茗杯中，沐浴著陽光，清亮透澈，海苔香氣撲鼻。如此好茶，配抹茶瑞士卷最好不過。

「瑞士卷」與「瑞士雞翼」一樣，與瑞士沒有關係，只因為兩者均帶甜味，而 Sweet 與 Swiss 的發音類似，所以被冠以「瑞士」之名。以地名冠名卻與該地無關的美食很多，就像海南雞飯不來自海南，新加坡不是星洲炒米的故鄉，揚州炒飯不源自揚州，重慶雞公煲也非重慶特產。

瑞士卷（Swiss Roll）一名出處不詳。有資料顯示，最早用「瑞士卷」命名的糕點來自 1856 年的英國《伯明翰記事》，這種糕點被形容為「甜的，內捲果醬的海綿蛋糕」。1872 年，「瑞士卷」的配方在英國和美國出版的書中均有出現。

據說中歐才是瑞士卷的故鄉，很有可能來自奧地利。但把瑞士卷發揚光大的，當屬香港。從香港的美心西餅、榮華餅家，到茶餐廳和街市小麵包坊，瑞士卷都是鎮店之寶。港式瑞士卷的蛋糕鬆軟，奶油較輕薄而不膩，大多有原味和朱古力口味的。海外唐人街的蛋糕店和雜貨店也都有港式瑞士卷供應，味道與香港的一模一樣。

我認為瑞士卷中間的奶油要捲得多一點才好吃，濃奶油再添加一半軟芝士或馬斯卡彭芝士口味更滑、更香。瑞士卷看起來很難做，讓人覺得自己肯定沒法捲得好，但其實瑞士卷是所有蛋糕中最容易做的，而且烘焙時間短，做好冷藏半小時後就可以吃了。

如果要做抹茶瑞士卷，須用烹飪專用的抹茶，這樣焗出來的蛋糕色澤才會顯得碧綠。另外，朱古力口味的也很好吃，把夾心的奶油也做成朱古力口味的，外面再撒上朱古力粉，淋朱古力醬，三重朱古力，絕對是熱愛朱古力的人的恩物。

瑞士卷

Swiss Roll

份量

- 27 厘米 × 27 厘米

- 濃奶油：200 毫升
- 黑朱古力：100 克

材料

抹茶味

- 雞蛋：3 個
- 油：20 毫升
- 牛奶：40 毫升
- 自發粉：53 克
- 抹茶粉：7 克
- 糖：50 克

- 濃奶油：150 毫升
- 軟芝士：50 克
- 糖：10 克

朱古力味

- 雞蛋：3 個
- 油：20 毫升
- 牛奶：40 毫升
- 自發粉：50 克
- 可可粉：10 克
- 糖：50 克

① 焗爐以 190℃預熱。

② 採用全蛋法製作海綿蛋糕，更加省時省力。自發粉和抹茶粉
（或者可可粉）混合成乾性材料，待用。雞蛋加糖，打至變
白及濃稠，加入牛奶，拌勻。分 3 次篩入乾性材料攪拌，再
加入油攪拌均勻。倒入墊好烘焙紙的焗盤，鋪勻，震動焗盤
幾次，震走大氣泡。

③ 焗 15 分鐘。稍微冷卻後，反轉焗盤，取出蛋糕。這樣原來
底層的烘焙紙現在向上了。現在，蛋糕的底層要作為瑞士卷
的表層。把底層烘焙紙撕去，換上一張新的烘焙紙，小心地
把蛋糕連烘焙紙一起翻過來，蛋糕的表層向下。趁蛋糕微熱
的時候，墊著烘焙紙捲起來，放置到完全冷卻。

④ 濃奶油、芝士和糖打至稍硬。把蛋糕卷打開，均勻塗上奶油
芝士，然後再小心地捲起來，烘焙紙兩端向下摺疊封口，放
進冰箱冷藏 1 小時，就可以吃了。

若是朱古力味的，把黑朱古力用微波爐加熱 1 至 2 分鐘，融
化後與奶油混合，趁熱淋在瑞士卷上即可。

NOV

E
M
B
E
R

羅馬舊曆從 3 月開始，那麼 11 月就是舊曆中的 9 月。11 月的英文名來自拉丁語 novembris，詞幹為 novem，意思是「9」。

據說因為羅馬皇帝奧古斯都和凱撒都有了以自己名字命名的月份，羅馬市民和元老院要求當時的羅馬皇帝提比利烏斯（Tiberius）用其名命名 11 月。但是提比利烏斯卻明智地說，如果羅馬皇帝都用自己的名字來命名月份，那麼出現了第十三個皇帝怎麼辦？

歐洲的習俗把每年的 11 月 11 日作為冬天的開始。英國從 11 月中旬開始，正式進入冬天。夜長晝短，天氣轉差，常常風雨交加，又冷又濕。下午 4 點鐘天就黑了，早上 8 點才天亮。

1918 年 11 月 11 日第一次世界大戰結束。為了紀念在戰爭中犧牲的戰士，英國把 11 月 11 日定為國殤紀念日。在這一天，大家都會買一朵小紅花佩戴起來，為烈士的家屬和退伍軍人籌款，同時也以此表達對世界和平的願景。

英國的冬天適合宅在家，坐在壁爐旁看書、喝茶，是另一種舒適。

11 月 11 日：國殤紀念日

印度番茄芒果 辣椒甜酸醬

11 月 4 日

多雲　11°C

今天早上天氣很冷，一出門口，單薄的衣衫就被冷風吹透，像掉進了冰窟窿一樣。跑了差不多兩公里才開始暖和起來。天氣預報說，英國有些地區今天早上迎來了第一次霜降。

園子裡的番茄還有好多是青的，在這種天氣下也不能繼續成熟了，索性全部收穫。其實，有許多方法能讓青番茄在室內成熟：可以把番茄和蘋果或香蕉放進紙袋，扎緊袋口，也可以把番茄連藤倒掛在陰涼的室內，或是把番茄一個個用紙包好，放進紙箱。這次收穫了幾公斤，定要想個辦法吃掉才是。

我有個開英式下午茶店的英國朋友，她有一次做了好吃的芝

士撻，味道有些陌生，卻出奇的好吃。於是我向她討配方。她提到首先要有好的 Chutney 打底，神秘的好味道就源自 Chutney。Chutney 即甜酸醬，是印度料理中不可缺少的調味醬。印度甜酸醬種類繁多，做醬的食材從酸蘋果、番茄到小黃瓜、薄荷葉等，有無數種組合。

印度曾是英國的殖民地，甜酸醬也自然流傳到了英國，演變成具有英式風味的醬料。英式酸辣醬會用新鮮的蔬果、各種辛香料或辣椒，再加入大量的醋和黑糖，熄火熬煮而成，味道濃郁，保存時間也頗長。甜酸醬是印度的國民食品，無論是做咖喱還是燉肉都少不了它，甚至烹飪蔬菜也要加一勺。英國典型的酒吧冷盤午餐中，印度酸辣醬是永遠的最佳配角。酸辣醬融合了多種辛香料，味道神秘豐富，特別適合與乳酪和冷盤肉類搭配食用。

於是，我打算用番茄加入芒果和辣椒，製作甜酸辣醬。還未動手，就口水連連。無論是火腿還是芝士，法棍亦或印度饢餅，蘸些甜酸辣醬，味道立即提升。燉肉時放上一勺，可以中和鹹味，使料理的味道更複雜。煮咖喱時，加幾勺，更接近地道的印度咖喱風味。

番茄芒果辣椒甜酸醬 TOMATO, MANGO & CHILLI CHUTNEY イ
ンゴー甘辛いソース印度番茄芒果辣椒甜酸醬 TOMATO, MANGO &

印度番茄芒果辣椒甜酸醬
Tomato , Mango & Chilli Chutney

份量
- 5 瓶（250 毫升）

材料
- 小番茄：2000 克
- 芒果：500 克
- 蘋果：500 克
- 洋蔥：500 克
- 朝天椒：8 個
- 大蒜：2 瓣
- 黑糖：500 克
- 黑醋：1000 毫升
- 芥末籽：2 大匙
- 黑胡椒粉：1 大匙
- 鹽：1 大匙

① 芒果和蘋果去皮，切成小塊，洋蔥切大塊。把小番茄、芒果、蘋果、洋蔥、朝天椒和大蒜放進攪拌機稍微打碎，但不要太碎。

② 芥末籽碾碎。如果沒有芥末籽，可以用芫荽籽代替，或者不放也可以。

③ 所有材料放進鑄鐵鍋大火燒開後，小火燉煮。為了使水分充分揮發，不加蓋。經常攪動一下，防止底部黏鍋。

④ 燒一鍋熱水，把玻璃瓶及瓶蓋放入滾水中煮 3 分鐘，取出瀝乾水分，待用。

⑤ 2 小時後，醬汁變得濃稠，就可以裝瓶了。趁熱裝瓶，把瓶子灌滿，用保鮮膜封住後，加蓋。這樣放置在陰涼處，可以保存 2 年。

韓式辣白菜

11 月 6 日

晴　7°C

秋天到了，是吃大白菜的季節。秋天的大白菜個大梆厚，翠綠的葉子配雪白的菜梆，煞是好看，難怪有一道以大白菜和豆腐為主要原料的湯叫翡翠白玉湯。

小時候在東北老家，這個時候正是置辦「秋菜」的時候。70、80 年代的東北，家家戶戶到了 10 月下旬就開始買秋菜，儲存要吃一個冬季的蔬菜。秋菜只有 5 樣：蘿蔔、馬鈴薯、大白菜，外加大蔥和大蒜。小時候，冬天就吃這些菜，至於茄子、豆角、番茄和辣椒之類的「細菜」，便要靠醃製和曬乾的方法儲存少量來解饞。茄子和豆角要在「罷園子」（夏秋之間的最後一批菜）之前買一堆回來，然後醃蒜茄子，曬茄子乾和豆角乾。番茄去皮、煮熟、搗碎，裝在瓶子裡，用來炒雞蛋。辣椒則選鮮紅色的做辣椒醬，吃麵條或炒馬鈴

薯片時舀上一勺，味道一流。媽媽將做好的番茄醬和辣椒醬放在兩層窗戶的中間，既不會結冰，又能保鮮，是天然的冰箱。冬日，上滿白霜的窗間那隱約的「紅彤彤」顏色，是饞嘴孩子們的精神寄託。

我家住在大學的教工宿舍裡。學校會幫教職工購買秋菜，統一發放。每家都買幾百斤。分秋菜的時候，大卡車來來往往地將秋菜卸在食堂門口的空地上。家家的男女老少都推著單車，頂著颼颼的寒風排隊領秋菜。因為量大，戶戶都是全家出動，一麻袋一麻袋地扛回家。天氣乍冷，人們嘴裡哈著氣，頭頂冒著白煙，縮著脖子，排隊領秋菜。在這灰濛濛、寒冷的初冬日子，竟然呈現出一派熱氣騰騰的景象。

在有關秋菜的記憶裡，有一段難忘的小插曲。有一次，分完大白菜時已經天黑了。我和姐姐們等到人群漸散時，迫不及待地跑出去執行孩子們的任務──撿白菜葉子。我們每人拿一個麻袋，大姐拿了掃帚，專門撿搬運中掉下的白菜梆子。在那個年代，這白菜梆子可是寶貝。自家養的下蛋雞就靠這些白菜梆子和苞米麵做飼料。大人們急著回去整理秋菜，空地上滿是小孩子，個個都在撿。我們比速度、比眼力，看誰在寒冷而漆黑的夜裡收穫最大。

「快，快來！」突然，我聽到大姐的召喚，我和二姐趕緊跑過去。啊！這有一小堆白菜梆子。「別動！」忽然聽到有人大喝一聲。一個 15、16 歲的女孩子，和兩個小一點的男孩子跑過來，大喊：「這是我們的！」「憑什麼說是你們的？」大姐也不甘示弱。「這是我們剛才堆的，我去找他倆拿袋子來裝，才走開的。」女孩子急切地辯解道。「哼！」二姐質問道：「這寫你的名兒了？」「看你敢動？」他們仨氣勢洶洶，擺出

要打架的姿勢。5 歲的我早已嚇得眼淚直在眼眶裡打轉。「算了，算了，給你們。」大姐自認我們姐仨不是他們的對手，拉著我，一邊走，一邊安慰我說：「別哭，你看這邊還有呢！犯不上和他們搶。」我擦擦眼淚，點點頭。那天回家時，我們的收穫不少，連麻袋都拿不動了，只好在地上拖著走。兩個姐姐笑著哄我說：「咱家雞吃了這些菜，能下好些蛋給你吃呢！」愛吃雞蛋的我這才破涕為笑了。

現在的東北，已不太需要置辦秋菜了。冬天，菜市場什麼新鮮蔬菜都有。但好些東北人家到這個季節還是要醃酸菜的。在英國沒有醃酸菜的條件，只好轉而做韓國泡菜。韓式泡菜在英國超市也有，但是由於運輸時間長，不太新鮮，有的已經變酸，我不喜歡。

我有個韓國朋友，她說她最喜歡吃剛剛拌好的辣白菜。這時候的辣白菜還未發酵，雖然有一點生味，但勝在新鮮、甜辣爽脆，尤其開胃。我喜歡醃製了 3 天到 2 周的辣白菜，這時候的辣白菜已經開始發酵，但沒有變酸，且吸收了所有的湯汁，有明顯的發酵後的水果香氣，顏色鮮紅透白，嚼起來有「嚓嚓」聲，滋味豐滿。如果變酸也沒關係，切上一塊豆腐，加五花肉片和乾蝦米，來個泡菜豆腐湯，只需白飯一小碗，就吃得背脊微微出汗，痛快。

做韓式泡菜有幾個要點。材料方面，蘋果、梨、魚露和韓式蝦醬是必備配料，這幾樣食材決定了泡菜的味道是否正宗。我買不到韓式蝦醬，就用蝦皮打碎代替，味道可以亂真。另外，為了使調味料能附著在白菜上，在調料中拌入糯米粉糊是關鍵。再有就是辣椒粉一定要選擇韓國辣椒粉。韓國辣椒粉顏色鮮紅、香氣淡雅，不是太辣。這也就是韓國泡菜顏色

艷麗卻不是很辣的原因。泡菜的儲存溫度也很重要。很多韓國人都有一個專門儲存泡菜的冰箱，溫度保持在 3°C 左右，而我們一般的冰箱都稍高於這個溫度。所以泡菜做好了要盡快食用，大約放 14 到 20 天左右就會開始變酸，冬天比夏天保存時間略長。

每個人醃製的泡菜味道都不一樣，好像做泡菜的人把自己的個性漬了進去。好的泡菜不太鹹，也不淡，發酵到位又沒有變酸。入口微甜、微鹹、微辣、微微酸，每一味都不過分突出，每一味都到位。我的泡菜吃起來爽脆，又有點複雜回味，姑且也算是我的味道吧。

韓式辣白菜

Kimchi

份量

• 4 盒（500 毫升餐盒）

材料

• 白菜：2 棵（約 3 公斤）
• 白蘿蔔：200 克
• 糯米粉：6 大匙
• 蘋果：1 個
• 蔥：3 根
• 蒜：8 瓣
• 薑：30 克
• 魚露：3 大匙
• 蝦皮：5 克
• 海鹽：40 克
• 韓式辣椒粉：12 大匙
• 糖：3 大匙

① 白菜沖洗乾淨，切成兩半，在葉片中間均勻地撒上海鹽，用手揉搓一下，醃製 6 至 8 小時。鹽的份量大約是白菜的 3%。醃製的時候，最好用重物壓著。

② 取一小鍋，倒入約 450 毫升清水，加入糯米粉，一邊小火加熱，一邊攪拌至濃稠呈糯米漿狀，鼓起大泡表示已經煮開，關火，冷卻，待用。

③ 白蘿蔔切細條，蔥剖開切段。

④ 薑去皮，蘋果去皮切成小塊，蒜去皮，連同蝦皮和魚露一起放入攪拌機打碎。然後與白蘿蔔條、蔥、韓式辣椒粉、糖和冷卻的糯米漿，拌勻。

⑤ 醃製好的白菜用清水沖洗一下，擠乾水分。把拌好的調料均勻地塗抹在白菜上，每一片葉子都要掰開仔細塗抹，重點是白菜梆。這一步可以戴手套，用手操作比較方便。

⑥ 抹好醃料後，把白菜從頭部開始捲起來，菜葉包在外面，放置在玻璃保鮮盒裡，放在冰箱保存。如果著急，可以於室溫過夜，但如果天氣太熱還是放冰箱比較好。3 天以後就可以吃了。

蔥油麵

11月9日
小雨轉陰　6°C

我是麵控。麵條、米線和米粉這類長條狀的碳水化合物都讓我癡迷。米飯我可以不吃，但是麵條絕對不能不吃，所以與低碳飲食無緣。我喜歡各種麵，情有獨鍾的當然是日本拉麵，但是日本拉麵館不提供辣椒油，只有七味辣椒粉，吃麵沒有辣椒油，不爽。

香港的潮州牛肉米線是我心中的麵中之王。走在灣仔的街頭，這種潮州麵館隨處可見，價格親民，味道卻高高在上。吃牛肉米線一定要選牛坑腩，又叫崩沙腩，是近腰肋骨的肉，除去肋骨後會出現一條條坑，所以稱為坑腩。其肉質韌性大，肥瘦相間，牛肉味濃，連著牛骨軟膏，入口柔嫩鮮美。別忘了叫一客白蘿蔔，再來一盤椒絲腐乳通菜，澆上一小勺特辣潮州辣椒油，蔥和芫荽不但不能「走」，還要多多益善。然後，不管三七二十一，開動吧，一口雪白的米線，一口牛腩，一口湯，一口蘿蔔。麵館狹小的空間完全不是問題，與陌生食客搭枱也沒關係，所有的注意力都在這碗牛腩

粉中了。當牛腩在口中融化時,那令人一震的快感,就如普魯斯特所說的「只覺得人生一世,榮辱得失都清淡如水,背時遭劫亦無大礙。」

在上海住久了,也癡迷上蘇式湯麵。蘇式湯麵的麵與澆頭常常是分開的,並以考究的麵湯著名。湯要清而不油,透明如琥珀,噴香撲鼻,鹹淡適中。澆頭是指佐麵的菜餚,種類多得數不勝數,幾乎蘇幫菜譜上有的都可以用來做澆頭。上海老字號中菜館「滄浪亭」主打的就是蘇式湯麵。我喜歡那裡的冷麵,過冷河的麵條拌入冷油快速攪拌,放入花生醬、辣椒油和澆頭。然而,最讓人難忘的還是簡單樸素的蔥油麵。如果面對花樣繁多的澆頭束手無策,犯了選擇障礙症,那麼蔥油麵保準不會錯。好的蔥油麵,麵條筋道,每一根麵條都裹著香噴噴的蔥油,油亮亮的,醬香十足,沒有任何噱頭,絲毫不花哨,就像家一樣,永遠都在,永遠不會讓人失望。

我學會做蔥油麵,不是在上海,而是在香港。一日,居港的上海朋友來訪。說起中午我們吃些什麼,她說不如就簡單的來個蔥油麵好了。她親自下廚,給我示範地道的蔥油麵做法。從此,我便愛上了自家做的蔥油麵。夾起一根,「刺溜」一聲抽進嘴裡,慢慢地嚼,讓蔥香、醬香在口中肆意地蔓延開來,然後一絲焦糖的悠遠回甘證明這才是不偏不倚的海派風味。

好吃的蔥油麵有 3 個要素。首先,蔥油要耐心熬好。其次,醬油的調味要做到鹹中帶甜,體現海派風味。醬油可以選蒸魚醬油加少量老抽,味道和顏色都恰到好處。最後,麵條要有韌性,切麵是個好選擇。還有,可以加一點瘦肉絲,少許紅蘿蔔絲。但麵一定是主角,少量的輔料是錦上添花,如果太多就會喧賓奪主了。

蔥油麵

Shanghai Spring Onion Oil Noodles

份量

• 2 人

材料

• 切麵：250 克
• 蔥：100 克
• 油：30 毫升

• 蒸魚醬油：25 毫升
• 糖：10 克
• 老抽：少許
• 雞粉：少許

• 肉絲：30 克
• 鹽：少許
• 生粉：少許

• 紅蘿蔔絲：少許

① 肉絲用鹽抓勻，再加生粉拌勻。

② 蔥切大段，鍋裡下油，耐心地小火煸至蔥色變為褐色，蔥被焦糖化，甜味盡出。這時要及時關火，餘溫會繼續煸烤蔥絲，千萬不要等到蔥變黑再關火，那樣蔥有可能會變成焦炭。

③ 蔥絲取出，蔥油倒入容器中待用，留少量在鍋裡。肉絲下鍋，大火炒熟，取出待用。

④ 鍋裡加少許蔥油，紅蘿蔔絲下鍋炒熟。

⑤ 熬蔥油的同時燒水煮麵。麵要煮到剛剛好，不要太軟。

⑥ 開始炸醬油。倒蔥油入鍋，油熱，下蒸魚醬油、老抽和糖，這樣嗆一下醬油，激發醬香。這時蔥香、醬香和焦糖香撲鼻而來，醬汁就做好了。

⑦ 麵煮好，過水，趁熱倒入剛熬好的蔥油醬汁裡快速拌勻，炒過的蔥絲、肉絲和紅蘿蔔絲撒面。

紅燒排骨

11 月 15 日
雨　14°C

進入 11 月中旬，英國的天氣開始陰晴不定，剛剛還碧空如洗，馬上就烏雲密佈，颼颼地起風，雨點密密地落下來，「噼噼啪啪」地打在樹葉上，一時間雨聲充滿耳鼓，反而顯得周遭更加靜謐。雨點透過樹葉叢，滴落在臉頰上，這冰冷的一擊，讓人不由得打了個激靈。雨簌簌地下著，滋潤著泥土，散發著小雨和著泥土的特有味道。這小雨的味道是我自小就熟悉的，家鄉的小雨泥土味更重一些，於是這氣味把我送到我家門前的那個大操場上，耳邊也響起課間的軍號聲。

我是「院裡」的孩子。這個「院」指的是「軍工大院」，院裡有大學和軍區。學校的同學也按照「院裡」和「院外」拉幫結派。「院裡」的孩子總有一種優越感，自詡父母有文化，都是書香門第，認為「院外」的孩子都比較「野」。但其實我結交了不少「院外」的好朋友，他們聰明淳樸，那一股子

院裡孩子沒有的「野」氣，最吸引我。

記得小時候的副食都是「憑票」供應的。我們這些「院裡」的孩子，很多都有做大學教授的父母，每個月有「副食」補貼，可以買多幾條新鮮的魚和一些肉。這少量的魚和肉就是我們每天期待的美味。有一次爸爸興沖沖地告訴我，今天晚上吃魚。我懶懶地答說：「再也不想吃鹹魚了」，他就開心地告訴我，他憑票買了新鮮的黃花魚，不是鹹魚，我才轉悲為喜。

「憑票」買菜的日子，最令人興奮的就是買到排骨。那總是陽光明媚的一天，一整天空氣裡都飄著肉香。我以為，紅燒排骨是排骨的最佳歸宿，就好比堂堂正室，大氣有內涵。誠然，糖醋排骨「機靈爽利」，椒鹽排骨「老練精明」，排骨燉豆角「踏實純樸」，排骨燉粉條「老實可靠」，豉汁蒸排骨「嬌嫩多情」，但都比不上紅燒排骨經得起歲月的考驗。

好的紅燒排骨顏色醬紅，裹著黏稠的湯汁，逆光看去，閃爍著糖彩的晶亮。入口酥軟，濃濃的醬香，伴著一絲焦糖的回味。軟嫩的肉自然地脫離骨頭，最妙的是吃到軟骨部分，連肉帶骨一併嚼碎，有著罪案現場不留一絲痕跡的快感。排骨當選肉不太多的，因為最接近骨頭的肉才最嫩，最好吃。

今天的紅燒排骨加了柱侯醬、南乳和少許印度甜酸辣醬，這些材料混合起來，鹹中有甜，還有些許辣味，滋味更豐富。需留意的是汆燙過的排骨最好用熱水清洗，防止排骨的肉質變硬。燉好的排骨吃不完，下一頓可以加入紅蘿蔔、白蘿蔔、豆角或者粉條等燉煮，又是另一餐美味。

紅燒排骨

Braised Ribs

份量

• 4 人

材料

• 排骨：1000 克
• 柱侯醬：2 大匙
• 南乳：1 塊
• 印度甜酸辣醬：1 大匙
• 薑：2 大片
• 冰糖：10 克
• 八角：3 個
• 紹興酒：3 大匙
• 生抽：2 大匙
• 老抽：2 大匙
• 鹽：適量
• 朝天椒：1 個
• 橄欖油：少許

① 排骨汆燙，用熱水洗淨，瀝乾水分。

② 取炒鍋，熱鍋下少許橄欖油，下薑片和排骨，中火炒至排骨微微呈焦黃色。

③ 下冰糖，小火慢炒到冰糖融化，排骨上了糖彩。

④ 下八角、紹興酒、柱侯醬、南乳、印度甜酸辣醬（可用酸味果醬代替）、生抽、老抽、鹽和朝天椒。

⑤ 加水蓋過排骨。大火燒開，轉移至鑄鐵鍋，小火燉 1 小時。

藍帶芝士雞扒

11月19日
小雨　10°C

今天又是一個陰雨天，不過早上還是去游泳了。很多人到冬天就不去游泳，但其實冬天才最適合游泳。首先，因為很多人都不去游泳池，所以人很少。其次，外面淒風冷雨，游泳池卻溫暖如春，真是寒冬的救贖。我家附近的這個公共泳池的溫水池水溫常年都是 30°C，從外面進來，一身寒氣，跳進溫水，不是一般的舒服。

在這樣陰冷的天氣裡，就想吃點暖心的食物。冰箱有雞胸肉、火腿、番茄和芝士。這幾樣東西無論怎樣組合都不會出錯。那麼不如就來一頓法國大餐。

說起法國大餐，總是給人高高在上的感覺。有一次去巴黎，

按照朋友的介紹去了一間米芝蓮三星餐廳。一共吃了多少道菜我都記不清了，總之每一道都是風景，光是甜點就有 3 道，把胃裡的每一個縫隙都填滿，讓你的每一分慾望都得到滿足。除了食物超群，還有西裝革履的侍者，煞有介事地介紹每一道菜，也讓米芝蓮三星格外地閃亮。其實，只要你肯動手，自己在家也能做出好吃的法國菜。

今天這道菜的靈感來自於法式的「藍帶雞卷」，法文是 Cordon Bleu。藍帶是法國廚師的最高榮譽之一，巴黎的藍帶廚藝學校是有名的西餐培訓學校。著名法餐名廚茱莉亞・查爾德就是藍帶廚藝學校畢業的。「藍帶」已經成為高級和專業的代名詞。那麼這個「藍帶雞卷」是不是很高級、很專業呢？其實，這道菜一點都不難，而且經過改良，更好吃。

電影《茱莉與茱莉亞》（Julie & Julia）中有句台詞說得好：「下班之後的 8 小時決定我們的人生」。工作總是令人厭倦，為了生存又不得不做，那麼為什麼不把下班時間安排得有點顏色呢？花一點時間和心思，為自己和家人做一頓美味的晚餐，權當為枯燥的生活添一筆靚麗的色彩。

今天的這道菜改良之後叫「藍帶芝士雞扒」，作主食配薯蓉，配菜為白灼西蘭花。因為要經過油炸，所以配菜以清淡為主，也可以配蔬菜沙律。炸好的雞扒，切下去，表皮酥脆，雞肉鮮嫩多汁，芝士濃郁，火腿鹹香，搭配酸甜的番茄醬汁，每一口都是滿滿的幸福。雞扒蘸番茄醬汁，配柔軟的薯蓉，生活總是困難重重，不盡人意，然而一頓豐盛的法國大餐或許已是我們苟且下去的理由。

芝士雞扒 CHICKEN CORDON BLEU チキン・コルドン・ブル
HICKEN CORDON BLEU チキン・コルドン・ブルー 藍帯芝士雞扒 C
CORDON BLEU チキン・コルドン・ブルー 藍帯芝士雞扒 CHICKEN CO

芝士雞扒 CHICKEN CORDON BLEU チキン・コルドン・ブル
HICKEN CORDON BLEU チキン・コルドン・ブルー 藍帯芝士雞扒 C

藍帶芝士雞扒

Chicken Cordon Bleu

份量

• 2 人份

材料

雞扒：

• 雞胸肉：2 條
  （共約 600 克）
• 鹽：適量
• 胡椒粉：適量
• 火腿：2 片
• 莫扎瑞拉芝士：50 克
• 高筋麵粉：2 大匙
• 雞蛋：1 個
• 麵包糠：4 大匙

醬汁：

• 番茄：1 個
• 洋蔥：半個
• 大蒜：2 瓣
• 罐裝去皮番茄：1 罐
  400g
• 茄膏：1 大匙

• 鹽：少許
• 黑胡椒粉：少許
• 牛油：少許
• 白砂糖：少許

① 雞胸肉要選比較大的一整條,從中間切開,但不要完全切斷,打開兩片,讓雞胸肉呈蝴蝶狀。把一張保鮮膜覆蓋在肉上面,用敲肉的錘子或擀麵杖輕敲,把雞胸敲平,敲薄。

② 拿走保鮮膜,在雞肉正反兩面均勻地撒上適量的鹽和黑胡椒粉。

③ 把火腿平鋪在雞肉上,再把芝士碎放在火腿上。

④ 然後把兩邊雞肉片合上,輕壓邊緣,使邊緣黏合。這樣還原成雞胸肉原來的樣子,只是因為中間添加了餡料,略微隆起。

⑤ 現在準備 3 個盤子,分別裝麵粉、雞蛋液和麵包糠。把處理好的雞胸黏乾麵粉,注意每一個角落都要黏上麵粉,並拍掉多餘的麵粉,這樣炸好的酥皮才不容易脫落。然後沾雞蛋液,最後雙面黏滿麵包糠。

⑥ 焗爐以 200°C 預熱。平底鍋倒入約 1 厘米深的油,把雞胸放入鍋中,小火煎至雙面金黃後,兩面再各煎 1 分鐘,出鍋放入焗盤,入焗爐焗 25 分鐘。

⑦ 準備醬汁。番茄、洋蔥切粒,大蒜切末。牛油下鍋融化,加入洋蔥碎炒軟,再加入蒜末和番茄粒翻炒至番茄變軟。加入罐裝番茄和茄膏,少許鹽、胡椒粉和糖調味。小火熬煮醬汁 3 分鐘,熄火。

⑧ 把平盤放微波爐加熱 1 分鐘。在溫熱的盤子裡盛上番茄醬汁,把雞扒放在醬汁中間,擺上白灼西蘭花和薯蓉。趁熱食用。

麵包牛油布甸

11月28日

小雨　8°C

進入 11 月下旬的英國，要開始習慣每天在黑暗中醒來。雖然夏令時已經結束，但早上也要等到 8 點才天亮，遇到陰雨天氣，即便是 8 點也還是灰濛濛的。躺在床上，生物鐘已經開始逐漸把我從睡夢中拉出來，就像劇院裡開幕之前熄滅了燈，幕布緩緩拉開，一個光亮鮮活的世界慢慢呈現在眼前。半夢半醒之中，最先啟動的是我的聽覺，忽然聽見有水流動的微小聲響，於是潛意識中認為一定是下大雨了。進而，朦朧的意識開始揣摩我身在何處，睡在哪張床上，頭部向著哪個方向。如果是旅行時，在酒店醒來，通常會以為還是身在家中的床上。然而，那細微的水滴聲把我硬生生地從這迷糊不清的意識中野蠻地拽出來，是屋頂漏水了嗎？這個念頭讓我馬上清醒起來，又仔細聽聽，有鍋爐計時器發出的「咔咔」

聲響，才意識到是早上暖氣自動開啟，並不是屋頂漏水，才舒了一口氣。拉開窗簾，外面漆黑一片，看不清是否下雨，姑且認為是下著毛毛雨，這種季節，如此猜測是八九不離十的。

早上的廚房靜悄悄的，冷冰冰的，暖氣還沒來得及把一夜的寒氣驅走。英格蘭的冬天就這樣悄然而至，如此清冷的天氣，讓我想起一款暖暖的甜食——麵包牛油布甸。麵包牛油布甸是英式經典甜食，歷史可以追溯到 11 到 12 世紀。發明麵包牛油布甸的廚師本意是盡快用掉就快過期的麵包，卻無意之間發明了這種暖心食品。在 13 世紀的英國，麵包牛油布甸還被看成是窮人的食品。但隨著時間的推移，麵包牛油布甸以其豐富的口感和濃郁的蛋奶香，逐步走出低下階層，登上了大雅之堂。在愛葛莎・克利斯蒂（Agatha Christie）的《加勒比海之謎》（*A Caribbean Mystery*）中，飯店老闆為了取悅來自英國的波普爾小姐，在推薦菜式時，絞盡了腦汁想出來的就是「麵包牛油布甸」。如果說「炸魚薯條」是英國的代表菜式，那麼「麵包牛油布甸」就是英國最具代表性的甜品。

麵包牛油布甸是用舊麵包加上葡萄乾、朱古力豆等配料，淋上奶黃醬，入焗爐烘烤而成。簡單的配方，卻有千萬種變化。麵包可以選用普通的多士、法棍、牛角包、十字包，甚至酸麵包，任何家裡剩下的舊麵包都可以。製作這種布甸，舊麵包比新麵包好，因為比較乾燥的舊麵包更容易吸收奶黃醬。而配料就更是五花八門，可以加冧酒、各種乾果、吃不完的香蕉、朱古力、肉桂粉等等。

如此美味，事不宜遲，現在就做。

牛油布 BREAD AND BUTTER PUDDING パンとバターのプリン 極与牛油右角 麺包牛油布 BREAD

油布角 BREAD AND BUTTER PUDDING パンとバターのプリン 麺包牛油右

麵包牛油布甸

Bread and Butter Pudding

份量

• 4 人

材料

- 牛油：25 克
- 多士麵包：8 片
- 葡萄乾：50 克
- 肉桂粉：2 茶匙
- 牛奶：350 毫升
- 濃奶油：50 毫升
- 雞蛋：2 個
- 黃糖：25 克
- 肉豆蔻粉：少許

① 在麵包片的其中一面塗抹牛油，切成三角形。

② 取一個約 1 升的深焗盤，把麵包片有牛油的一面朝上，擺滿焗盤底部。撒上一層葡萄乾、肉桂粉。然後重複第二層，直到用完所有麵包。

③ 雞蛋打散，加入黃糖打至顏色變淺。

④ 把牛奶和濃奶油小火加熱到似滾非滾狀態，慢慢加入蛋液中，一邊加一邊攪拌，製成奶黃醬。

⑤ 把奶黃醬倒入焗盤，直接淋在麵包上。靜置 30 分鐘，讓麵包充分吸收奶黃醬。

⑥ 焗爐以 180°C 預熱。

⑦ 撒黃糖、少許肉豆蔻粉於麵包上。

⑧ 入焗爐焗 40 分鐘。可以配打發了的鮮奶油，趁熱食用。

韭菜盒子

11 月 30 日

晴　6°C

在英國，韭菜是稀罕的東西。除了唐人街的華人超市有的賣之外，就再無處可覓了。中國人喜歡韭菜，韭菜餡餅、韭菜餃子、韭菜炒雞蛋、韭菜盒子，可謂無「韭」不歡。韭菜當然是春天的最鮮，杜甫有詩云「夜雨剪春韭，新炊間黃粱」，故人重逢話舊，受到最熱情的款待是用冒著夜雨剪來的春韭炒的下酒菜，飯是剛燜的摻了黃米的二米飯。這鮮香的韭菜是好吃的家常菜，體現了老朋友間的純樸友情。

英國其實有一種野生韭菜，是野蒜類的植物，與韭菜味道非常相似。每年 3 月，野韭菜開始長出嫩葉，就是最鮮的時候，到 6 月開花之後就凋零了。野韭菜雖好，但一年只有 3 個月的品嚐時期，是絕對滿足不了我的。然而，這種家常食品要開車去 10 公里之外的華人超市買，真是罪過。於是痛定思痛，去年回國「走私」了 200 棵韭菜根，種在花園，自給

自足，算是驗證了求人不如求己的真理。

然而，英國的冬天冷，韭菜生長得緩慢，很久沒割了，看來這是冬天的最後一茬了。韭菜是春香、夏辣、秋苦、冬甜。今天收了一小把「冬甜」的韭菜，也算是小有收穫，於是打算做韭菜盒子。

據說韭菜盒子是東三省和膠東地區的傳統小吃。媽媽是山東人，我小時候經常吃韭菜盒子。用韭菜做餡料的麵食在袁枚的《隨園食單》中就有記載：「韭菜切末拌肉，加佐料，麵皮包之，入油灼之，麵內加酥更妙。」這是加了葷的韭菜鍋貼，如果家裡有無肉不歡的食客，加了肉的韭菜鍋貼當然是上選。

韭菜盒子的靈魂除了有鮮嫩肥厚的韭菜外，雞蛋也是韭菜的最佳搭檔，而蝦米則是點睛之筆。餡料的食材簡單，但是麵皮卻很有講究，要想口感酥脆軟糯，必須「燙麵」。此外，配方中還加了一點酵母，量很少，做出的餅皮完全看不出是略微發酵過的。這樣做出來的韭菜盒子餅皮柔軟，即使是皺褶的地方也不會硬，涼了也柔軟好吃。

烙好的韭菜盒子麵皮金黃香軟，皮薄餡大。咬一口，湯汁飽滿，層次豐富，搭配玉米麵粥，是簡單樸素、風格自然的一餐。

韭菜盒子

Chinese Chive Pockets

份量

• 4 人

材料

餅皮：

- 普通麵粉：450 克
- 沸水：120 毫升
- 溫水：150 毫升
- 酵母粉：1/4 茶匙
- 油：24 克
- 鹽：2 克

餡料：

- 韭菜：250 克
- 雞蛋：5 個
- 蝦米：20 克
- 鹽：適量
- 麻油：適量
- 橄欖油：適量

① 先用沸水和麵,就是所說的「燙麵」,再將不高於 35°C 的溫水和酵母粉混合,然後把酵母水、油和鹽加入麵粉中,用筷子攪拌成片狀,用手揉成麵糰,放入容器,蓋上一塊廚房布,防止乾燥。醒麵 40 分鐘。

② 這時開始調餡。韭菜切碎,5 個雞蛋打散,放入鹽。我建議在雞蛋裡放入餡料所需的所有鹽,這樣韭菜裡便不用放鹽,可以防止韭菜出水。放鹽的時候也要考慮蝦米是鹹的。平底鍋裡放入適量的油,開始炒雞蛋。炒雞蛋的時候不要炒得太熟,雞蛋快熟了,就盛到一個稍大的容器中。放入蝦米和韭菜粒,倒入麻油和橄欖油,攪拌均勻。

③ 這時麵也醒好了,把麵糰轉移到灑了乾麵粉的麵案上,揉一兩分鐘。分成 12 個小麵糰,邊擀皮,邊包餡料,不一會就好了。

④ 平底鍋多下點油,包好的韭菜盒子放進去,蓋上蓋子,烙得兩面金黃,就好了。

英格蘭廚房日記
夏 盡 秋 至 的 生 活 與 料 理

FOOD &
LIFE IN
ENGLAND

A
KITCHEN
DIARY

SUMMER &
AUTUMN

秋宓　著

責任編輯
　侯彩琳
書籍設計
　姚國豪

攝影
　秋宓

出版
　三聯書店（香港）有限公司
　香港北角英皇道 499 號北角工業大廈 20 樓
　Joint Publishing (H.K.) Co., Ltd.
　20/F., North Point Industrial Building,
　499 King's Road, North Point, Hong Kong
香港發行
　香港聯合書刊物流有限公司
　香港新界荃灣德士古道 220-248 號 16 樓
印刷
　美雅印刷製本有限公司
　香港九龍觀塘榮業街 6 號 4 樓 A 室
版次
　2021 年 4 月香港第一版第一次印刷
規格
　特 16 開（153mm x 220 mm）288 面
國際書號
　ISBN 978-962-04-4813-3

三聯書店
http://jointpublishing.com

JPBooks.Plus
http://jpbooks.plus